助力乡村振兴
出版计划

【现代农业科技与管理系列】

# 循环综合种植养殖

## 新模式新技术

主　　编　陈家宏

副主编　王强军　程　箫

编写人员　孟　祝　陈亚乐　刘庆庆

　　　　　唐　俊　李　赛　王彭辉

　　　　　王明明　黄桠锋　任春环

　　　　　孙智鹏　王诗佳　李春艳

时代出版传媒股份有限公司

安徽科学技术出版社

**图书在版编目（CIP）数据**

循环综合种植养殖新模式新技术 / 陈家宏主编.
--合肥:安徽科学技术出版社,2022.12(2023.10重印)
助力乡村振兴出版计划.现代农业科技与管理系列
ISBN 978-7-5337-8625-0

Ⅰ.①循⋯　Ⅱ.①陈⋯　Ⅲ.①农业技术-研究-中国
Ⅳ.①S

中国版本图书馆 CIP 数据核字(2022)第 222334 号

**循环综合种植养殖新模式新技术**　　　　　　　　　　主编　陈家宏

出 版 人：王筱文　选题策划：丁凌云　蒋贤骏　余登兵　责任编辑：王菁虹
责任校对：程　苗　责任印制：梁东兵　　　　　　　装帧设计：王　艳
出版发行：安徽科学技术出版社　　　　http://www.ahstp.net
　　　　（合肥市政务文化新区翡翠路 1118 号出版传媒广场,邮编:230071)
　　　电话：(0551)63533330
印　　　制：安徽联众印刷有限公司　　　电话：(0551)65661327
（如发现印装质量问题,影响阅读,请与印刷厂商联系调换）

开本：720×1010　1/16　　　　印张：7.5　　　　字数：95 千
版次：2023 年 10 月第 4 次印刷

ISBN 978-7-5337-8625-0　　　　　　　　　　　　定价：30.00 元

# "助力乡村振兴出版计划"编委会

## 主 任
查结联

## 副主任
陈爱军　罗　平　卢仕仁　许光友
徐义流　夏　涛　马占文　吴文胜
董　磊

## 委 员
胡忠明　李泽福　马传喜　李　红
操海群　莫国富　郭志学　李升和
郑　可　张克文　朱寒冬　王圣东
刘　凯

【现代农业科技与管理系列】

（本系列主要由安徽农业大学组织编写）

总主编: 操海群
副总主编: 武立权　黄正来

# 出版说明

　　"助力乡村振兴出版计划"(以下简称"本计划")以习近平新时代中国特色社会主义思想为指导，是在全国脱贫攻坚目标任务完成并向全面推进乡村振兴转进的重要历史时刻，由中共安徽省委宣传部主持实施的一项重点出版项目。

　　本计划以服务乡村振兴事业为出版定位，围绕乡村产业振兴、人才振兴、文化振兴、生态振兴和组织振兴展开，由《现代种植业实用技术》《现代养殖业实用技术》《新型农民职业技能提升》《现代农业科技与管理》《现代乡村社会治理》五个子系列组成，主要内容涵盖特色养殖业和疾病防控技术、特色种植业及病虫害绿色防控技术、集体经济发展、休闲农业和乡村旅游融合发展、新型农业经营主体培育、农村环境生态化治理、农村基层党建等。选题组织力求满足乡村振兴实务需求，编写内容努力做到通俗易懂。

　　本计划的呈现形式是以图书为主的融媒体出版物。图书的主要读者对象是新型农民、县乡村基层干部、"三农"工作者。为扩大传播面、提高传播效率，与图书出版同步，配套制作了部分精品音视频，在每册图书封底放置二维码，供扫码使用，以适应广大农民朋友的移动阅读需求。

　　本计划的编写和出版，代表了当前农业科研成果转化和普及的新进展，凝聚了乡村社会治理研究者和实务者的集体智慧，在此谨向有关单位和个人致以衷心的感谢！

　　虽然我们始终秉持高水平策划、高质量编写的精品出版理念，但因水平所限仍会有诸多不足和错漏之处，敬请广大读者提出宝贵意见和建议，以便修订再版时改正。

# 本册编写说明

近年来,随着粮食生产不断发展,农民收入大幅度增加,农业物质技术装备条件连年攀升,中国用不到世界7%的耕地养活了世界20%的人口,依靠自己的力量稳定解决了14亿人口的粮食问题。但是随之而来的问题也日益显著,农业资源的过度开发与消耗,导致农业资源短缺,大量污染物排放造成生态破坏,农业可持续发展面临严峻挑战。

我国农业经历了由原始农业到传统农业,再到目前的石油农业。循环农业是近年来广受关注的一种农业生产模式。循环综合种养模式是循环农业重要抓手,该模式使物质和能量在动植物之间进行转换,这既是实现农业资源可持续利用的有效手段,也是解决资源与环境问题的根本途径,更是乡村振兴的必然选择。为了探索我国农业可持续发展之路,编者广泛取材,理论联系实际,全面系统介绍了我国循环综合种养模式发展历史及现状,并详细介绍了循环综合种养新模式及其关键技术,可供农业科技工作者、新型经营主体、农业爱好者等参考。

全书共三章:第一章是循环综合种养概述,阐述国外循环农业的发展历史、我国循环农业研究进展及发展现状;第二章是循环综合种养新模式及关键技术,运用具有自主知识产权的数据、模型、图表、实例等,详细介绍了稻渔共生、农区草牧业标准化生产和草羊果蔬等新模式及关键技术;第三章是循环综合种养模式发展趋势,阐述了循环综合种养模式未来发展方向、保护措施和政策。

# 目 录

# 第一章 循环综合种养概述

## 第一节 国外循环农业的发展历史及现状

20世纪初以来,为了克服常规农业发展带来的环境问题,许多国家发展了多种农业方式以期替代常规农业,如"有机农业""生态农业""生物农业"等。这些农业方式都以农业的可持续发展为基本指导思想,依据经济发展水平及"整体、协调、循环、再生"原则,运用系统工程方法,全面规划,合理组织农业生产,实现农业高产、优质、高效、持续发展,达到生态和经济两个系统的良性循环和"三个效益"的统一。尽管概念各不相同,但在这些农业方式中都贯穿了可持续发展的思想,在生产实践中都采用了循环经济的基本理论、原则和技术,它们都是实现农业可持续发展的途径和模式。因此,这些农业方式都可以被看作是"循环农业"。国外循环农业的发展最早可追溯到1909年有机农业的兴起,当时美国农业部土地管理局局长King在考察中国农业后,于1911年写成了《四千年的农民》一书,总结了中国农业始终兴盛不衰的经验。1924年,德国学者鲁道夫·施泰纳开设了"农业发展的社会科学基础"课程。其理论核心为:人类作为宇宙平衡的一部分,为了生存必须与环境协调一致,重视宇宙周期。其中就暗含了经济、环境和社会相互协调的思想,德国学者普法伊费尔将这些理

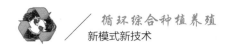

论应用到农业生产实践中,从而产生了生物动力农业。至此,出现了有机农业的雏形。1935年,有机农业的奠基人——英国的霍华德爵士出版了《农业盛典》一书,论述了土壤健康与植物、动物健康的关系。同年,日本学者冈田茂吉创立了自然农业,主张通过增加土壤有机质,不施用化肥和农药获得产量,提出在农业生产中尊重自然、重视土壤、协调人与自然关系的思想。1940年,美国的罗代尔受霍华德的影响,开始了有机园艺的研究和实践,并于1942年出版了《有机园艺》一书。同一时期,英国的伊夫·鲍尔费夫人第一个开展了常规农业与自然农业方法比较的长期实验。在她的推动下,1946年成立了英国"土壤协会",该协会根据霍华德的理论,提倡返还给土壤有机质,保持土壤肥力,以保持生物平衡。1970年,美国学者威廉姆·奥尔布雷克特将生态学的基本理论纳入了有机农业的生产系统之中,提出了"生态农业"的概念。1981年,英国农业学家M.华盛顿认为,生态农业是"生态上能自我维持,低输入,经济上有生命力,在环境、伦理和审美方面可接受的小型农业",其中就包含了循环经济中的减量化的原则思想以及经济和环境相协调的可持续发展的思想。20世纪七八十年代,国际上成立了一批农业协会和研究机构,如1972年,国际上最大的有机农业民间机构——国际有机农业联合会(IFOAM)成立。此外,法国国家农业生物技术联合会(英文缩写FNAB)和目前世界上最大的有机农业研究所——瑞士的有机农业研究所(德语缩写FiBL)也都成立于此时。从20世纪30年代有机农业的出现到现在,经过80多年的发展,这种农业方式已经成为一种全球性的趋势。

目前,国外将循环经济的理论和可持续发展的思想应用于农业生产中的最典型的实践就是生态工业园的建设,即将农业和工业结合起来,融合二者的优点,使二者相互支持、平衡发展,从而更好地实现农业的可持续发展。最早的工业生态园是1987年建立的丹麦卡伦堡生态工业园。

在卡伦堡生态工业园中,电厂是该园区产业链的核心。电厂给制药厂供应高温蒸汽,取代了其自备锅炉给居民供热,减少了3 500个家庭取暖炉,供应中低温的循环热水,大棚生产绿色蔬菜,余热放到水池中用于养鱼,实现了热能的多级利用。20世纪90年代中期,生态工业园的研究与实践在北美、欧洲一些发达国家得到长足的进展,其中尤以美国的研究最为活跃,工作较为系统。1993年,美国成立了总统可持续发展委员会(PCSD),制定了工业生态园执行目标,包括支持15个示范项目,并推荐了美国马里兰州的巴尔的摩、弗吉尼亚州的开普查尔斯、得克萨斯州的布朗斯维尔、田纳西州的查塔努加4个工业生态园示范区。到2000年,美国基本完成了这4个园区的建设。在欧洲和亚洲也有初具雏形的工业生态园开发项目。加拿大和澳大利亚都已开始设计工业生态园项目。日本接受这一新概念,在城市规划中同时考虑工业生态园建设,并资助初期的项目开发。2001年9月,在东京召开了首届"工业生态园试验区研讨会",目前全日本大约有60个工业生态园项目。泰国也已宣布筹建工业生态园。目前,美国弗吉尼亚州的开普查尔斯可持续科技工业园和密西西比州的阿克曼附近的红丘陵生态园都是国外比较典型的农业与工业有机结合的工业生态园。

## ▶ 第二节　我国循环农业研究进展及发展现状

循环农业不同于以往提出的"生态农业""绿色农业",虽然三者都是实现我国农业可持续发展的模式,但循环农业研究的内容远远超出了"生态农业"与"绿色农业",其体系已经超出了大农业范围,甚至做到了农业、工业与旅游业的充分结合,是一种生态效益、社会效益与经济效益

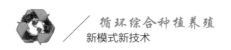
并重的新型农业。在传统农业向现代市场农业转变进程中,农业的增长方式正面临着从粗放经营到集约经营、从不可持续到可持续的转变。循环农业的兴起将是农业发展观念、发展模式、转变农业增长方式上的一场革命。它能以最小的成本获得最大的经济效益和生态效益,也为资金、技术在耕地上的集约利用创造条件。我国从20世纪90年代起,逐步引入了循环经济思想。经过逐步地发展,循环农业发展模式开始有了基本的雏形。2008年前后,尹昌斌等提出将循环农业开始应用到实际农业生产中。关于我国循环农业发展模式,主要有以下几种类型。

(1)按地区分类:以北方地区为主的多位一体的农业生产模式,南方以沼气为纽带的种养结合的农业生产模式。

(2)按发展目标分类:农产品废弃物综合利用模式、生态循环种植养殖一体化模式、生态环境改善型模式。北方地区主要以农产品废弃物的综合利用和生态环境改善为主要农业发展模式,以东北地区的农作物秸秆为例,秸秆主要处理方式有:秸秆收获还田、秸秆资源转化、秸秆饲料加工与制备有机肥。突出成果有黑龙江八一农垦大学针对水稻秸秆处理问题研制出的水稻钵育秧盘与全程机械化技术。目前,吉林大学正在致力于研究秸秆的发电技术与微生物降解技术。南方地区以生物质(biomass)转换为纽带,形成了农业种植、畜禽养殖与水产养殖的三位一体农业生产模式,形成了一种闭合循环途径。与北方地区不同的是,针对秸秆回收问题,南方地区多数采用"过腹还田",即经过畜禽之腹后形成有机肥还田,综合了农业废弃物利用,同时改善生态环境,促进了资源转化,实现了社会经济效益和生态效益的提高。

### 一 相关理论的研究情况

在1990年就有学者提出了"保工促农、兴工富县、聚财建工"的良性循环经济发展模式。自此,我国对循环经济思想、内涵与实践进行了广泛的研究,提出了一整套完整的理论体系和实践模式。理论上,先后提出了"循环经济"的"3R"原则、"4R"原则与"5R"原则。实践中,总结出了"贵糖""蟹岛""武汉东西湖"等模式。在国内,陈德敏等(2002年)较早提出了"循环农业"一词。他认为,根据循环经济的有关理论和中国的实际国情,遵循循环经济的原则,借鉴循环经济在工业发展中取得的经验,我国农业在生态农业的基础上应该向循环农业发展。吴天马(2002年)最早提及"农业循环经济"的概念,他认为农业发展循环经济就是把循环经济的基本原理应用于农业系统,找到实施农业可持续发展战略的根本途径、实现形式、技术措施。吴天马与陈德敏的研究为以后我国循环型农业的发展奠定了基础,之后更多的学者开始研究"循环型农业"的问题。到2004年,"循环经济"理念得到了决策层的高度重视,并把其上升为国家基本战略,中国政府提出"大力发展循环经济,逐步构建节约型的产业结构和消费结构",循环经济概念首次被写进了我国国民经济和社会发展计划报告,先后出台了一系列加快"循环经济发展"的政策文件。循环经济思想在农业上的应用最初表现为一种朴素的形态,即"生态农业"模式,如广泛应用的南方"猪–沼–果"和北方"四位一体"等生态农业模式。在传统的农业领域,体现为循环节约型农业,主要特征为"九节一减"。随着人们认识水平的提高,循环农业的主要发展方向应是运用清洁化思想推动农业产业链条的延伸,解决当前现代农业发展进程中的问题,必须要有新的农业技术革命。因此,发展循环农业是运用工业化思想,推动农业技术范式的革命。循环经济思想在农业上的应用,先后提出了"循环农业"、"循环节约型农业"和"农业循环经济"等概念,它不仅是一种农业经济发展的新理念,在实践上更是一种发展模式或技术范式。周震峰等(2007年)认为:"循环型农业是运用可持续发展思想和循环经济理论与生态工

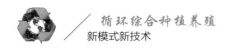
程学的方法,在保护农业生态环境和充分利用高新技术的基础上,调整和优化农业生态系统内部结构及产业结构,提高农业系统物质能量的多级循环利用,严格控制外部有害物质的投入和农业废弃物的产生,最大限度地减轻环境污染,使农业生产经济活动真正纳入农业生态系统循环中,实现生态的良性循环与农业的可持续发展。"他强调了生态环境的保护,但没有注意到经济发展的重要性,与过去的生态农业并没有本质区别。郭铁民等(2004年)提出:"循环农业是指运用生态学、生态经济学、生态技术学原理及其基本规律作为指导的农业经济形态,通过建立农业经济增长与生态系统环境质量改善的动态均衡机制,以绿色GDP核算体系和可持续协调发展评估体系为导向,将农业经济活动与生态系统的各种资源要素视为一个密不可分的整体加以统筹协调的新型农业发展模式。"他认为,要以经济建设为中心,保护生态环境是为了保障经济能持续稳定发展。

宣亚南等(2005年)综合了前面两种观点,将循环型农业定义为:"尊重生态系统和经济活动系统的基本规律,以经济效益为驱动力,以绿色GDP核算体系和可持续协调发展评估体系为导向,按照"3R"原则,通过优化农业产品生产到消费全产业链结构,实现物质的多级循环使用和产业活动对环境的有害因子零(最小)排放或零(最小)干扰的一种农业生产经营模式。"其实质是以环境友好的方式利用自然资源和环境容量,实现农业经济活动的生态化转向。这一定义将生态环境保护与农业经济建设融为一体,认为循环型农业是农业新的可持续发展模式。王鲁明、杜华章等也提出了自己对循环农业定义的观点。邓启明等(2006年)提议,将首创于国内的"循环型农业"、"资源循环型农业"或"循环农业"等,统称"中国循环型农业",简称"循环型农业"。

2006年以来,为大力推动农业可持续发展,我国提出了"加快发展循环农业"的目标要求。2015年,农业部相继提出《关于打好农业面源污染防治攻坚战的实施意见》《全国农业可持续发展规划(2015—2030年)》等意见规划,部署循环农业发展。随着乡村振兴战略的提出与全面实施,农业农村部又相继提出了《农业环境突出问题治理总体规划(2014—2018年)》《农业综合开发区域生态循环农业项目指引(2017—2020年)》等规划,大力发展循环农业,我国循环农业步入快速发展阶段。

近年来,各国在发展过程中均重视农业技术的优化,使农业技术能够更好地贴合生态环境,融合目前的环境保护机制,实现土地、肥料、水资源、农药等生产资源的有效投入,以及节约使用,使整个资源的利用更加高效化。在我国经济发展中,农业领域非常重要,但我国受自身国情以及经济等因素影响,依然处于传统农业转型期。现代农业要想更好地实现有效推广,解决以往农业发展过程中出现的问题,就需要融合科学化、集约化和规模化的模式,加强自身的经济效益和社会效益,并将二者进行结合推广,实现现代农业发展的全新方案。在现代循环农业生态资源化管理中,其相关理论可以使在农业领域的应用得到升华,解除传统农业思想的禁锢,且现代循环农业是全球农业发展的必经之路,可以更好地探索并落实相关的农业模式。

通过对2011—2021年十年间的文献进行检索归纳分析发现,循环农业的研究基本分为三个阶段:急速下降阶段(2011—2015年)、快速发展阶段(2016—2017年)、平稳发展阶段(2018—2021年)。2011年的核心期刊发文量为10年中最高,2011年农业部出台关于加快推进农业清洁生产和加强农业和农村节能减排工作相关政策,将循环农业作为重点任务发展,促使当年循环农业相关研究大量增长。2016—2017年,随着乡村振兴战略的提出与全面实施,农业农村部相继提出两项与循环农业有关的发展规划,并提出要发展种养结合的循环农业,使我国循环农业步入快速发

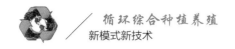

展阶段。2018—2021年,期刊发文量逐渐平缓,循环农业发展进入平稳发展阶段。

## 二 现代循环农业运行模式

分析现代循环农业的运行模式,其最早雏形甚至可追溯到战国时期,在那时,便已有将禽畜粪便作为肥料进行循环利用的模式。在秦时期,有专门的猪圈与厕所建在一起的记录,并使用了"屯中熟粪"的描述,这就表明在秦国已然使用堆肥加工技术,并将其应用于实践中。在现代循环农业的运作模式里,我国也利用秸秆烧饭后剩下的灰烬作为肥料。由此可见,在现代循环农业的运行模式中,最突出的便是废物实现有机循环,且可以产生更大的经济效益,减少其他额外支出,以保障经济效益并减少对周围环境的影响。在循环农业的模型中,包含以下几种模式。

立体复合模式。泛指将农作物生产、禽畜养殖、农产品深加工等进行结合,形成循环产业链,其中包含了种养结合的模式,以养殖业为主,利用生态系统的食物链,形成全新的生态养殖模式。

物质循环利用模式。利用循环产业、农产品加工,以城乡居民日常生活排出的大量有机废物为主,这个循环模式包含了城乡居民日常生活废弃物的循环,以及在农业领域的二次利用。

能源开发利用模式。高效地利用传统能源,寻找具有开发潜力的新型能源。

综合发展和全面建设模式。在区域循环农业模式中,对一定区域范围内的农业经济进行统筹部署,促使区域农业专业化以及合理分工,形成具有特色的现代循环农业运行方案。

以庭院经济为主的生态模式。庭院经济是一个微生态系统,同时也是我国目前发展过程中的主要投入方向。在发展中,必须坚持协调融合生态结构策略,利用植物、动物之间的相互依存关系,加强群落内的生物共生,贴合产业化经营策略,形成产业化规模。

观光农业模式。观光农业模式的优势主要包含了效益优势、经济优势、产品优势、环境优势。在效益优势中,观光农业见效快。在经济优势中,观光农业不仅可以直接销售农业产品,还可以为游客提供观赏、品赏、娱乐、购买、疗养、度假等系列服务,增加经济附加值。在产品优势中,观光农业旅游可以提供与其他旅游项目相同的收入,且能够促使游客二次旅游。在环境优势中,观光农业为旅游者提供了农村独有的田园风光,包含以现代农业为主题的观光园,通过生态园、优质瓜果园、鱼塘等吸引游客,这便是现代循环农业的一种运行方案。

## (三) 现代循环农业运行对策

现代循环农业运行对策:首先,加强对于循环农业的广泛宣传,利用相关知识完成普及;其次,因地制宜发展规划,开展技术培训工作,落实全新的农业循环服务机制,以确保在循环过程中可以更好地落实循环农业的技术服务体系,实现创新,完成循环发展;第三,颁布相应的财政金融政策,为循环农业的发展提供全面的资金保障,加强农业建设,融合全新的经济载体,完成发展。结合我国生态循环能力的建设,加大投入力度,推动生态循环农业的发展,完善农村土地改革政策,实现生态循环。提升农业技术推广能力,引导科研教育机构开展农技服务,推动生态循环农业的有效优化。为了更好地实现高效农业循环经济发展,需要构建强大的农业循环产业链,实现产业价值链的顺畅连接,加强区域循环和企业共生平台建设,并建设高效循环农业示范区,推动高效循环农业发展,培养全新的农业人才队伍。目前,农业经济发展的建议,可以归为以下四点:①树立全民发展农业循环经济理念的意识;②选择适合农业经

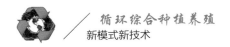
济循环发展的模式;③逐步建立以及完善有利于循环农业经济体系的政策;④加快农业科技产业的研发以及推广。此外,加强宣传教育工作,并树立典型,推进循环农业的有效发展。解决目前在发展过程中出现的相关问题,更好地融合创新,多部门协作,多渠道筹集相关资金,大力扶持现代循环农业的有效发展。

综上所述,结合现代农业的发展优势,推广循环农业模式,将更好地保护资源以及生态环境,有助于我国绿色农业体系的高度落实。加强农业资源的高效利用,发展生态循环农业是我国未来发展方向,同时也为我国农业改革提供了全新的方向和模式。我国相关学者针对农业生态循环展开相关研究,如何有效地推广生态循环模式,需要符合我国现阶段的实际发展情况,以形成合理的优化体系。并将二者进行有机结合,制定出符合我国当前国情的生态循环农业发展策略,使其能够更好地贴合未来发展方向,为生态环境建设作出贡献。通过一系列宏观政策的调控、各部门全面参与,将保障我国农业领域在现有基础上得到全面优化。

# 第二章　循环综合种养新模式及关键技术

## ▶ 第一节　稻渔共生模式

### 一　稻渔共生模式概述

中国是一个历史悠久的国家，五千年的文明历史以农耕文化时代为主，时长占99%，一代代祖先的智慧和心血凝练汇聚出了因地制宜、精耕细作、用养结合的一整套技术和文化体系。我们中华民族的祖先在历史上所创造出的丰厚的农业文化遗产，不但使我们这个土地贫瘠、自然条件并不算十分优越的古老国度，在数千年间实现了超稳发展，同时我们的祖先发明了施用农家肥、轮种、套种等传统技术。早在战国时期，秦国人编写的《吕氏春秋·上农四篇》中就提出"夫稼为之者人也，生之者地也，养之者天也"，阐述物（稼）、人（为之者）、地（生之者）、天（养之者）四者和谐的生态思想。1 700多年前三国时代的《魏武·四时食制》里就有了"稻田养鱼"的记载。

稻田养鱼作为中国传统农耕文明的组成部分之一，具有强大的生命力，集中表现在经过数千年历史的洗礼以及广大渔农群众的生产实践，传统单一的稻田养鱼逐步发展成为现代化、多元化的稻渔综合种养。该

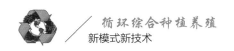
模式是人们根据生态循环农业和生态经济学原理,将水稻种植与水产养殖技术有机结合,通过对稻田实施工程化和功能化改造,构建稻-渔共生互促体系,实施稻渔共作、轮作,进行规模化开发、集约化经营、标准化生产、品牌化运作的现代生态循环农业发展新模式。

稻渔综合种养是为顺应新时代现代农业和农村发展的要求,以稳定水稻生产、促进渔业发展为目标,在原稻田养鱼技术基础上,创新发展的一种现代生态循环农业新模式。该模式根据生态经济学原理和产业化发展的要求对稻田浅水生态系统进行工程改造,通过水稻种植与水产养殖、农机和农艺技术的融合,实现稻田的集约化、规模化、标准化、品牌化生产经营,能在稳定水稻生产的前提下,大幅度提高稻田经济效益。提升产品质量安全水平,改善稻田生态环境。

与传统的稻田养鱼相比,在理念上,稻渔综合种养突出强调了"以粮为主、稻渔互促",粮食成为发展的主角;在品种上,引入了克氏原螯虾(小龙虾)、中华绒螯蟹(河蟹)、中华鳖(甲鱼)、泥鳅等经济效益好、产业化程度高的水产品种;在技术上,加强了水稻种植、水产养殖,及农机、农艺等方面技术和工艺的融合,建立了跨学科、跨领域的技术体系;在经营上,采用了"科、种、养、加、销"一体化现代经营模式,突出了规模化、标准化、产业化的现代农业发展方向。具体来说,与稻田养鱼相比,稻渔综合种养有以下4个方面突出特征:一是突出了以粮为主。稻渔综合种养发展以来,始终坚持"以渔促稻"的发展方针,稳产量,平原地区水稻亩产不得低于500 kg,丘陵山区水稻亩产不得低于周边同等条件、同等水平水稻亩产。保产能,稻田工程不得破坏稻田的耕作层,工程面积不超过稻田面积的10%,技术上要有稳定水稻产量的具体措施,在模式、机制设计上要平衡好水稻效益和水产效益,坚决防止"挖田改塘"。二是突出了稻渔互促。在生产实践中,一方面是在确保水稻稳产的前提下,稻渔综合种养大幅提高了稻田综合效益,促进了稻田流转和规模化生产,提升了水稻品质和效益,调动了农民种粮的积极性;另一方面充分利用稻田的坑沟、空隙带和冬闲田发展水产养殖,在内陆水产养殖空间不断被挤压的情况下,开辟了一条保障水产品供给的新路子。三是突出生态环保。通过建立稻渔生态循环系统,提升稻田中能量和物质利用效率,大幅减少了农药和化肥使用,减少了病虫草害的发生,改善了农村生态环境,提高了稻田可持续利用水平,而且有利于农村防洪蓄水、抗旱保收。四是突出了产业化发展。稻渔综合种养产业链长,价值链高,具有带动一二三产业融合发展的巨大优势。

在生产实践中,各地将稻渔综合种养始终朝着产业化推进,积极倡导"科、种、养、加、销"一体化现代经营模式,培育新型经营主体,建立健全加工流通体系,拓展与餐饮美食、休闲观光、农事体验、科普教育等领域融合发展的新业态,不断提升规模化、标准化、品牌化水平,促进增产增效、节本增效、规模增效和提质增效,为稻渔综合种养发展提供强大的内生动力。

## 二 水稻品种及种植技术

### 1.稻蟹共生——水稻种植技术

1)水稻品种选择

选择抗倒伏、耐涝、抗病、产量稳定、米质优良且适宜当地环境种植的水稻品种。

2)田面整理

要求田块平整,池内高低差不超过3 cm,土壤细碎、疏松、耕层深厚、肥沃、上软下松。蟹田每年旋耕一次。插秧前,短时间泡田,并带水用农机平整稻田,防止漏水漏肥。

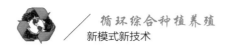
3）秧苗栽插

要求在5月底前完成插秧，做到早插快发。大面积采用机械插秧，通过人工将环沟边的边行密插，利用环沟的边行优势弥补工程占地减少的穴数。应保证每亩（1亩≈667 m²）栽插1.35万穴左右。插秧时水层不宜过深，以2~5 cm为宜。每穴平均在3~4株，插秧深度1~2 cm，不宜过深。

4）晒田

水稻生长过程中的晒田是为了促进水稻根系的生长发育，控制无效分蘖，防止倒伏，夺取高产。生产实践中总结出"平时水沿堤，晒田水位低，沟溜起作用，晒田不伤蟹"的经验。通常养蟹的稻田采取"多次、轻烤"的办法，将水位降至田面露出水面即可，也可带水"烤田"，即田面保持2~3 cm水进行"烤田"。"烤田"时间要短，以每次2天为宜，烤田结束随即将水加至原来的水位。

5）水肥管理

应用测土配方施肥技术，配制活性生态肥或常规肥（当地习惯用肥），在旋耕前一次性施入90%左右，剩余部分在水稻分蘖和孕穗期酌情施入。每次不得超过3 kg/亩。

6）病虫害防治

病虫害防治参照《无公害食品　水稻生产技术规程》（NY/T 5117—2002）执行，不得使用有机磷、菊酯类、氰氟草酯、恶草酮等对蟹有毒害作用的药剂。在严格控制用药量的同时，先将田内水灌满，用茎叶喷雾法施药，用喷雾器将药物喷洒在稻禾叶片上面，尽量避免药物淋落在田内水中。用药后，若发现河蟹有不良反应，立即采取换水措施。避开河蟹蜕壳高峰期施药。

7）日常管理

每天至少早、中、晚三次巡池，观察记录蟹苗的活动情况、防逃墙和埝埂及进出水口处有无漏洞、饵料的剩余情况、池内的敌害情况,有条件的养殖户还要定期测量养殖池内的水温、pH、溶解氧、氨氮、亚硝酸氮等指标,并适时采取措施。

8)收获

收割水稻时,为防止收割水稻伤害河蟹,可通过多次进、排水,使河蟹集中到蟹沟、暂养池中,然后再收割水稻。

### 2.稻虾共生——水稻种植技术

1)水稻品种选择

养虾稻田一般只种一季中稻,因为早稻不利于虾苗生长和捕获,晚稻不利于灌水育苗。一般水稻栽插时间为6月5日至6月15日,收割时间为9月15日至10月20日。

水稻品种选择应重点考虑以下因素:一是耐淹,水稻株高应高一点;二是抗倒伏,在不搁田或轻搁田且长期高水位环境条件下,能够正常生长、不倒伏;三是抗病虫,对水稻主要病虫害具有良好的抗性,在不用或少用化肥和农药的情况下,水稻产量不受严重影响;四是早熟,一般水稻全生育期在120~150天,即在国庆节前后完成收割,确保米早上市。同时,水稻尽早收割后能及时复水繁育或养殖小龙虾。水稻推介品种有鄂香2号、福稻88、玉针香、华润2号、香润1号、鄂丰丝苗等6个品种。

2)田面整理

5月底至6月初开始整田,整田的标准符合机械插秧或人工插秧的要求,具体要求是上软下松;泥烂适中,高低不过寸,寸水不露泥,灌水棵棵到,排水处处干。稻田整理时,如果田间还存有大量小龙虾,为保证小龙虾不受影响,可以采用免耕抛秧技术,也就是在水稻移植前稻田不经任何翻耕犁耙。水稻免耕抛秧是指在收获上一季作物后未经任何翻耕犁耙的稻田,先使用除草剂灭除杂草植株和落粒谷幼苗,摧枯稻桩或绿肥作

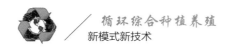
物后,灌水并施肥沤田,待水层自然落干或排浅水后,将塑盘秧抛栽到大田中的一项新的水稻耕作栽培技术。该技术具有省工节本、简便易行、提高劳动生产率、减少水土流失、保护土壤、保护生态平衡和增加经济效益等优点。

3）施足基肥

对于第一年养虾的稻田,可以在插秧前的10~15天,亩施用农家肥200~300 kg,尿素10~15 kg,均匀撒在田面并用机器翻耕耙匀。对于养虾一年以上的稻田,随着稻虾种养模式年限延长,一般逐步下调氮肥用量。稻虾种养前5年,每年施氮量相对上一年度下降约10%,稻虾种养5年及以上的稻田,稻田氮量稳定维持在常规单作施氮量的40%~50%,氮肥按4:3:3(基肥40%、返青分蘖肥30%、穗肥30%)的比例施用,钾肥按6:4(基肥60%、穗肥40%)的比例施用。硅肥(CaSiO$_3$)每亩施用1 kg左右,锌肥(ZnSO$_4$·7H$_2$O)每亩施用0.1 kg左右,全部作基肥。

4）秧苗栽插

6月中旬前完成栽插,可机械插秧或人工插秧。栽插时,采取浅水栽插、条栽与边行密植相结合的方法。移植密度以30 cm×15 cm为宜,以确保小龙虾生活环境通风透气性能好。整个稻田水稻栽插密度在1.2万~1.4万穴/亩,每穴秧苗2~3株结合边行密植。

5）水肥管理与晒田

田间管理主要是水位控制、施肥、晒田、用药、防逃、防敌害及水稻病虫害防治、收割等工作。

（1）水位控制。虾稻共作模式中,水稻种植期的水分管理情况与单种水稻基本相同。虾稻共作模式中,水稻种植期的水分管理情况见表2-1。

（2）合理施肥。稻田基肥应以施腐熟的有机农家肥为主,在插秧前一次施入耕作内层,达到肥力持久长效的目的。为促进水稻稳定生长,保持

表 2-1　虾稻共作模式水稻种植期的水分管理情况

| 时期 | 水位 |
| --- | --- |
| 晒田期 | 低于田面 30 cm 左右 |
| 整田至 7 月 | 高于田面 5 cm 左右 |
| 7—9 月 | 高于田面 20 cm 左右 |
| 水稻收割前 7 天至水稻收割 | 低于田面 20～30 cm |

中期不脱力,后期不早衰,群体易控制,在发现水稻脱肥时,还应进行追肥。追肥一般每月一次,可根据水稻的生长期及生长情况施用人、畜粪堆制的有机肥,也可以施用既能促进水稻生长,降低水稻病虫害,又不会对小龙虾产生有害影响的生物复合肥。生物复合肥的施肥方法是先排浅田水,让虾集中到边沟中再施肥(10 kg/亩),这样有助于肥料迅速沉淀于底泥并被田泥和秧苗吸收,随即加深田水至正常深度,也可采取少量多次、分片撒肥或根外施肥的方法。严禁使用对小龙虾有害的化肥,如氨水和碳酸氢铵等。

(3) 科学晒田。晒田时应根据不同栽期、土壤类型、水源条件、田间苗情,按"苗够不等时、时到不等苗"的原则适时晒田(一般水稻移栽后25~30天)。在水稻分蘖末期,早插秧的田块分蘖株数达到预期茎蘖数的80%时,开始晒田,需要按田块、长势等条件来决定晒田时间,不能一概而论。

晒田应按照看田、看苗、看天气的原则来确定晒田程度,以"下田不陷脚,田间起裂缝,白根地面翻,叶色褪淡,叶片挺直"为晒田标准。晒田要求排灌迅速,既能晒得彻底,又能灌得及时。但要注意,若晒田期间遇到连续降雨,应疏通排水,及时将雨水排出,防止积水。田晒好后,应及时恢复原水位,尽可能不要晒得太久,避免边沟小龙虾因长时间密度过大而对其产生不利影响。建议长江中下游地区虾稻共作模式采取两次轻晒,每次晒田时间3~5天,轻晒至田块中间不陷脚即可。第一次晒田后复水

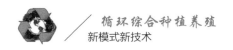
至3~5 cm深,5天后即可进行第二次晒田。晒田时边沟中水位低于田面30 cm左右。

6）病虫害防治

坚持"预防为主,综合防治"的原则,优先采用物理防治和生物防治,配合使用化学防治。小龙虾对许多农药都很敏感,稻虾共养的原则是能不用药时坚决不用,需要用药时则选用高效、低毒、低残留的农药和生物制剂,不得使用有机磷、菊酯类高毒、高残留的杀虫剂和对小龙虾有毒的氰氟草酯、嗪草酮等除草剂。

对于没有内埂的稻田,施农药时尤其要注意严格把握农药安全使用浓度,确保小龙虾的安全,并要求喷药于水稻叶面,尽量不喷入水中,而且最好分区用药。分区用药的方法是将稻田分成若干个小区块,每天轮换用药,在对稻田的一个小区块用药时,小龙虾可自行进入另一个小区块,避免对小龙虾造成伤害。喷雾水剂应在晴天下午使用,因稻叶下午干燥,大部分药液吸附在水稻上。另外,施药前田间加水至20 cm,喷药后及时换水。对于有内埂的稻田,只需要降低水位让小龙虾进入边沟即可施农药。

（1）物理防治:每30~50亩安装一盏杀虫灯诱杀成虫。

（2）生物防治:利用和保护好害虫天敌,使用性诱剂诱杀成虫,使用杀螟杆菌及生物农药Bt粉剂防治螟虫。

（3）化学防治:重点防治稻蓟马、螟虫、稻飞虱、稻纵卷叶螟等害虫。

稻田主要病虫害防治措施见表2-2。

7）收割

用于繁育小龙虾苗种的稻田在10月上旬前后进行水稻收割,留茬40~50 cm并将田面散落的稻草集中堆成小草堆,其他稻田的水稻正常收割。提倡机械化操作,收割机从U形沟的开口处(田块与田埂相连)开入稻

表 2 - 2　稻田主要病虫害防治措施

| 病虫害 | 防治时期 | 防治药剂及用量 | 用药方法 |
|---|---|---|---|
| 稻蓟马 | 秧田卷叶株率15%,百株虫量200头,大田卷叶株率30%,百株虫量300头 | 吡蚜酮 4 g/亩 | 喷雾 |
| 稻飞虱 | 卵孵化高峰至1~2龄若虫期 | 噻嗪酮 7.5~12.5 g/亩,吡蚜酮 4~5 g/亩,噻虫嗪 0.4~0.8 g/亩 | 喷雾 |
| 稻纵卷叶螟 | 卵孵化盛期至2龄幼虫前 | 氯虫苯甲酰胺 2 g/亩,苏云金杆菌 250~300 g/亩 | 喷雾 |
| 二化螟、三化螟 | 卵孵化高峰期 | 氯虫苯甲酰胺 2 g/亩,苏云金杆菌 250~300 g/亩 | 喷雾 |
| 秧苗立枯病 | 秧苗2~3叶期 | 咯菌腈 5~6 g/亩;敌克松 60~65 g/亩 | 喷雾 |
| 纹枯病 | 发病初期 | 井冈霉素 10~12.5 mL/亩,丙环唑 7.5 mL/亩,嘧菌酯-戊唑醇 7.5 g/亩 | 喷雾 |
| 稻曲病 | 破口前3~5天 | 戊唑醇 8 mL/亩,嘧菌酯-戊唑醇 7.5 g/亩 | 喷雾 |

田中。在稻谷成熟90%时要及时用收割机进行收割,稻桩保留高度在40~50 cm,秸秆全部还田作小龙虾饵料。水稻收获后及时上水,以促进小龙虾出洞繁苗。

**3.稻鳖共生——水稻种植技术**

1) 水稻品种选择

不同稻作区由于地理位置、自然条件和耕种方式等不尽相同,所种植的水稻品种繁多。但由于稻鳖综合种养的稻田里水稻生长环境发生了改变,所以选择适合稻鳖种养系统的水稻品种对于水稻稳产、高产十分重要。结合实际生产过程中的具体情况,水稻品种以"高产、优质、抗病、分蘖力强、抗倒伏"为选择标准,因此以选择中迟晚熟粳稻品种为宜。推荐

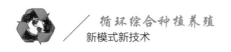
品种为常规晚粳稻品种,可选用嘉58、嘉禾218、秀水134等;推荐品种为杂交晚粳稻品种,可选用嘉优5号、嘉禾优555等。

2）水稻育秧

（1）晒种。在播种前将种子摊薄,于晴天晒两天,提高种子发芽率和发芽势。晒种可以促进种子成熟并提高酶的活性,促进氧气进入种子内部,以提供种子发芽需要的游离氧气,促进种胚赤霉素的形成以加快α淀粉酶的形成,催化淀粉降解为可溶性糖以供种胚发育之用。此外,晒种还可以降低发芽的抑制物质浓度,并可利用阳光的紫外线杀菌。

（2）选种。选种是在播种之前,挑选饱满的种子的过程。可采用风选的方法去除杂质和瘪谷,再用筛子筛选,去除谷种中携带的杂草种子,避免移栽大田后的草害影响。

（3）浸种。水稻浸种就是种子吸水过程,可以提升种子中淀粉酶的活性,促进胚乳淀粉转化成糖,为种子生长提供所需要的养分。浸种时间与稻种吸收水分速度有关,一般晚粳稻浸种2~3天,外界温度高时应缩短浸种时间。此外,水稻浸种时,需要对种子进行药剂处理来消灭种传病害,以防止谷种带病入田。水稻药剂浸种处理可以有效防治恶苗病、干尖线虫病等主要种传病害,并且能减少水稻苗期纹枯病的发生。浸种药剂可用25%氰烯菌酯3 mL加12%咪鲜·杀螟丹15 g,兑水4~5 kg,浸稻种5 kg,浸种48小时。浸种后的谷种需用清水洗干净。

（4）催芽。催芽是人为创造适宜的水、气、热等条件使稻种集中整齐发芽的过程。通过催芽可以使稻种出苗提前3天以上,出苗整齐,且成苗率提高5%~10%。一般催芽要求在2天左右,发芽率达85%。催芽后用丁硫克百威或吡虫啉拌种,可防治稻蓟马、灰飞虱等虫害,丁硫克百威还有驱除麻雀、老鼠的作用。具体方法为稻种浸种催芽（破胸露白）后,每5 kg种子加35%丁硫克百威种子处理干粉剂20~30 g,或加25%吡虫啉可湿性粉剂10 g拌匀晾干,30分钟后播种。

(5)播种。一般手插秧单季晚稻秧田播种密度,常规稻为3~4 kg/亩,杂交稻为1.5~2 kg/亩,播种时间一般以5月上中旬为宜。工厂化育秧及旱育秧、机械插秧,应用塑料硬盘育苗(58 cm×28 cm),一般常规晚粳稻每盘播120~150 g,杂交晚稻播80~100 g。压籽覆土后浇透水,放置于秧田中育秧。

3)水稻栽插

(1)移栽前准备。当年在水稻收割后及时翻犁,第二年在水稻栽前再进行犁耙,达到田面平整。底肥坚持以有机肥为主,氮、磷、钾肥配合施用。栽前结合稻田翻犁每亩施用有机肥1 500~2 000 kg,结合耙田每亩施尿素15~18 kg,钾肥8~10 kg,用作底肥。单季晚稻育秧机插的秧龄一般为15~18天,手工插秧的秧龄一般为20~25天。常年种植水稻的田块一般每亩种植8万~11万穴,每穴2~3株基本苗。没有种过水稻的鱼池改为稻田后,由于肥力过高,应适当减少插苗数,每亩以5 000穴为宜。

(2)移栽。秧苗移栽是水稻种植的关键环节之一,方法主要有人工插秧和机械插秧两种,其中机械插秧具有速度快、成本低的优点,适宜作为第一选择。秧苗移栽时,田面水深以2~3 cm为宜,土质软硬适中,插播深度:上机插一般在2 cm,手工插秧一般在1~1.5 cm。稻鳖综合种养的稻田由于需要建设沟坑,导致插播面积减少,可以在沟坑周边适当密植,以充分利用水稻的边际效应,保障水稻生产。

4)水稻大田管理

水稻移栽后,进入大田管理阶段。大田管理主要包括返青期、分蘖期、拔节育穗期、幼穗分化期和抽穗结实期等几个阶段的管理。返青期主要任务为保持合理的水位,做到浅水促分蘖。对于插秧的秧苗,在水稻移栽初期水位要适当浅一些,这可以提高稻田中的温度,增加氧气,使秧苗的

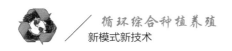
基部光照充足,有助于加快秧苗返青。分蘖期主要任务为促进水稻早分蘖、多分蘖,是水稻高产稳产的关键期。在移栽后5~7天施肥,每亩用尿素10 kg、复合有机肥20~30 kg,促进有效分蘖。对于肥力较好的田块,可以根据情况少施或者不施。拔节育穗期主要任务包括水位管理和穗肥施加。在此生长阶段,气温较高,水分蒸发量大,水稻需水量大,要以灌深水为主,水位一般为15~20 cm。同时幼穗分化期也是水稻需养分的高峰期,稻鳖综合种养田块可以根据田块实际肥力来决定施肥,如需要,则每亩可施3~4 kg尿素。抽穗结实期是谷粒充实的生长期,也是水稻结实率和粒重的决定期,主要任务为水分管理。一方面田里需要有充足的水分满足水稻需求,另一方面长时间保持深水位往往会使土壤氧气不足,水稻根系活力下降。因此灌溉要"干干湿湿"。如土壤肥力不足则需要及时补肥。到水稻进入黄熟期则需要排水搁田,缓慢排水,鳖会爬入暂养池。在收割时须做到田间无水,收割机械方可下田工作。

5)病虫害防治

在稻鳖综合种养稻田中,水稻的病虫害防治不能按照常规稻田的传统方法用药,因此,采用生态方法控制水稻病虫害显得尤为重要。在水稻病虫害防治上,必须坚持"预防为主,综合防治"的工作方针,在发生病虫害时要尽量选用生物农药,如Bt乳剂、杀螟杆菌、井冈霉素等,在发生严重病虫害时可选用化学农药,但在选择化学农药时也应选择高效低毒农药,以防止水产动物受到较大影响。

6)收割

水稻收割可采用人工或机械收割,其中机械收割速度快且成本低,适宜作为第一选择。在收割时须做到田间无水,收割机械才可下田工作。

**4.稻鱼共生——水稻种植技术**

1）水稻品种选择

水稻在稻鱼共生生态系统中占主导地位。水稻品种是决定水稻产量、生长发育的关键内因，选好水稻品种是稻鱼种养的关键。水稻品种的选择既要保障稻米产量、品质，也要兼顾鱼类养殖需求。稻鱼种养在水分管理、肥料用量、农药使用、经济价值上与单作水稻模式存在一定的差异。除在产量、适应性等方面的要求外，稻鱼种养在水稻品种选择上同单作水稻相比，对水稻品种的抗病性、抗虫害、抗倒伏、稻米品质等方面要求也存在一定差异。因此，在水稻品种选择上，可根据单季稻鱼生态种养模式、双季稻鱼生态种养模式、再生稻鱼生态种养模式等不同模式的特点进行选择。单季稻鱼生态种养模式可选择早熟型水稻，如武运粳23号和长白19号等；双季稻鱼生态种养模式水稻品种分早稻和晚稻，早稻有和两优红3、金龙优2018和天优华占，晚稻有黄华占；再生稻鱼生态种养模式主要选择再生能力强的水稻品种，如丰两优4号和C两优华占等。

2）田面整理

稻田旋耕是在水稻播栽前，采用旋耕机对稻作区域土壤进行碎土起浆的稻田耕作模式。旋耕通过一次作业就可进行水稻栽插。旋耕后的稻田耕层土壤养分分布均匀，能有效减少杂草的萌发，为水稻提供了理想的耕层环境，有利于水稻根系下扎。稻鱼种养系统中，对水稻种植而言，须对稻作区域进行田面耕作整理。在不同的农作条件下有多种耕作模式，常见的模式有免耕、旋耕、翻耕和垄作等。

3）水稻移栽技术

水稻栽培技术发展至今形成了多种栽培种植模式，主要有育苗移栽技术、水稻直播技术。育苗移栽在我国的水稻种植历史上占有重要地位，是水稻种植者为了适应外界的生态环境条件而选择的一种栽培方式，是水稻种植者长期积累下来的水稻种植技术,经过上千年的不断改进和完善形成了一套非常稳定的水稻栽培技术体系。育苗移栽对农业生态环境、气候等有较高的适应性,且具有高容错率、高可操作性、低风险的特点。前人对于水稻育苗移栽有大量的实践经验和技术理论,机插秧技术、抛秧技术均是基于水稻人工育苗移栽技术发展而来的。长期的研究表明,现阶段水稻人工栽插技术水稻的产量仍然高于机插秧技术,且产量较机插水稻、抛栽水稻更稳定。发展机插秧技术、抛秧技术的主要原因是对水稻生产效率要求的提高。水稻直播技术是最古老的水稻生产技术,在早期主要存在产量低、抗倒伏能力差、杂草防治困难等缺点,但随着农业科技的发展,水稻直播技术的三大主要缺点逐渐被克服,但目前仍然存在较多的不足。水稻人工栽插主要缺点是在栽插环节对劳动力的需求更大,而直播技术、抛秧技术的生产效率要优于水稻人工栽插,水稻直播技术的优缺点和人工移栽水稻技术恰好相反。不同水稻播栽技术对比如表2-3所示。

表 2-3  不同水稻播栽技术对比

| 水稻播栽方式 | 抗倒伏性 | 单茎素质 | 产量水平 | 可操作性 | 容错率 | 生产效率 | 生产成本 |
|---|---|---|---|---|---|---|---|
| 手插 | 高 | 高 | 高 | 高 | 高 | 低 | 高 |
| 抛秧 | 低 | 中 | 中 | 高 | 中 | 高 | 中 |
| 机插 | 中 | 中 | 中 | 中 | 中 | 高 | 中 |
| 直播 | 低 | 低 | 低 | 低 | 低 | 高 | 低 |

4)水肥管理

农田施肥不仅是促进稻谷增产的重要措施,也有利于养鱼增产。但肥料的种类、数量以及施肥的时间和方法,对水稻和鱼生长发育都有很大影响。肥料的种类数量、搭配比例适当,施用及时,有助于提高鱼、稻产量。稻鱼种养与单作水稻可用肥料的种类有一定区别。如碳酸氢铵对鱼类具有毒害作用,不宜用于稻鱼种养,可采用尿素作为稻鱼种养的肥料。有机肥料也需要经过充分腐熟后才能使用。肥料施用,要少量多次,均匀撒施,严格控制用量。底肥施用后等待一段时间再放入鱼苗。底肥用量为水稻种植中肥料用量最大的一次,肥料施用后造成水体盐离子浓度增加,不利于鱼类生长。底肥施入后须经过一段时间才能进入土壤,水体中盐离子浓度逐渐降低。稻鱼共生期间,施肥后要及时观察鱼类生活状态,如出现浮头等现象要及时注水。为此,在稻田肥料施用中可提高底肥施用比例、减少追肥比例,追肥少量多次,还可结合采用稻田缓释肥料、实时实地肥料管理模式等新型肥料和新型技术管理措施进行肥料的管理。

5)水稻收割

目前,水稻收割主要采用机械化的水稻收割模式。水稻收割机按照喂入方式,可分为全喂入式联合收割机和半喂入式联合收割机。在水稻收获前5~10天就要排出田间多余水分,便于机械下田收获,同时在水旱轮作模式下,收获前排出田间积水有利于后茬作物播栽。对于鱼类养殖而言,不同的鱼类品种养殖时间各有差异。对于水稻收获前捕捞鱼的,鱼被捕捞完成后,提前排水。对于水稻收获后再捕捞鱼的,需要提前降低水位,使鱼进入鱼凼中,待水稻收割完毕,田面秸秆清理完成后再灌入深水。

## 三 水产品种及养殖技术

### 1.稻蟹共生——河蟹养殖技术

1)蟹种的选择

同蟹苗来源一样,蟹种应来源于有苗种生产许可证、检疫合格、信誉好的蟹种生产厂家。选择活力强、肢体完整、规格整齐、不带病的蟹种;选择脱水时间短,最好是刚出池的蟹种;以规格为100~200只/kg的蟹种

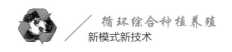
为宜。

2）蟹种放养和管理

蟹种放养前，用20 g/m³高锰酸钾浸浴5~8分钟或用3%~5%的食盐水浸浴5~10分钟消毒，消毒后放入暂养池，暂养密度每亩不超过3 000只，暂养时应尽量做到早投饵，坚持"四定"原则，投饵量占河蟹总重量的3%~5%。

在水稻返青后，将蟹种放入养殖田，蟹种放养密度以500只/亩为宜，暂养蜕一次壳后以350只/亩为宜。养蟹稻田田面水深最好保持在20 cm，最低不低于10 cm。有换水条件的，每7~10天换水一次，并消毒调节水质。坚持按"四定"投饵。投喂点设在田边浅水处，多点投喂，日投饵量占河蟹总重量的5%~10%。主要采用观察投喂的方法，注意观察天气、水温、水质状况和河蟹摄食情况来灵活掌握投饵量。

3）日常管理

日常管理要做到勤观察、勤巡逻。每天都要观察河蟹的活动情况，特别是高温闷热和阴雨天气，更要注意水质变化、河蟹摄食、有无死蟹、堤坝有无漏洞、防逃设施有无破损等情况，发现问题及时处理。

4）成蟹捕捉

北方地区养殖的成蟹从9月中旬起即可陆续起捕。稻田成蟹的捕捉主要靠在田边用手捕捉，也可在稻田拐角处下笼捕捉。秋季，河蟹性成熟后，在夜晚会大量爬上岸，此时即可根据市场的需求有选择地捕捉出售或集中到网箱和池塘中暂养。这种收获方式一直延续到水稻收割，收割后每天捕捉田中和环沟中剩余河蟹，直至捕净。

## 2.稻虾共生——小龙虾养殖技术

1）虾苗选择

优先选择本地具有水产苗种生产经营许可证的企业生产的苗种，并经检疫合格。

2）苗种放养模式与放养方法

放养模式有两种：一种是投放幼虾模式，一种是投放亲虾模式。幼虾投放时，虾苗应选择附肢齐全、体表光滑、通体青褐色、反应迅速、活力旺盛、规格整齐的幼虾，投放时间宜在秧苗返青后，投放密度按3~4 cm规格的幼虾投放6 000~8 000只/亩，4~5 cm的幼虾投放5 000~6 000只/亩，5 cm左右的幼虾投放密度宜为2 000~4 000只/亩。亲虾投放时，亲虾应选择体色暗红或深红色，有光泽，附肢齐全，体格健壮，活动能力强，规格大于35 g/只，且雌雄亲虾必须来自不同养殖场。投放时间宜在8—9月，投放密度以15~30 kg/亩为宜。

幼虾、亲虾放养前1 h，在稻田内泼洒优质的抗应激产品以提高放养成活率。如运输时间较长，放养前需进行如下操作：先将小龙虾在稻田水中浸泡1 min左右，提起搁置2~3 min，再浸泡1 min，再搁置2~3 min，如此反复3次，让小龙虾体表和鳃腔吸足水分，再将小龙虾分开轻放到浅水区或水草较多的地方，让其自行进入水中。一次投放幼虾、亲虾较多时不必进行上述操作，可以直接用边沟内的水泼洒或冲淋小龙虾，然后直接放到浅水区或水草较多的地方，避免耽误投放时间导致成活率过低。另外，谨慎采用食盐水或聚维酮碘溶液等药物浸泡幼虾、亲虾。

3）饲料投喂

饲料种类包括植物性饲料、动物性饲料和小龙虾专用配合饲料。提倡使用小龙虾专用配合饲料，配合饲料应符合《饲料卫生标准》(GB 13078–2017)和《无公害食品 渔用配合饲料安全限量》(NY 5072–2002)的要求。

4）养殖管理

（1）水位控制。小龙虾养殖期间的水位控制情况见表2–4。用于苗种培育的稻田在霜冻天气，除非水位下降超过20 cm，否则不要加水，更不要换水。必须加水时也要尽可能在晴朗天气、水温相对较高时加水。

表 2 - 4　小龙虾养殖期间的水位控制情况

| 时期 | 水位 |
| --- | --- |
| 1—2 月 | 高于田面 50 cm 左右 |
| 3 月 | 高于田面 30 cm 左右 |
| 4 月 | 高于田面 40 cm 左右 |
| 5 月至整田前 | 高于田面 50 cm 左右 |
| 整田至水稻收割 | 见表 2 - 1 |
| 水稻收割后至 11 月 | 高于田面 30 cm 左右 |
| 11—12 月 | 高于田面 40~50 cm |

（2）水质调节。苗种培育稻田10月至第二年3月为苗种繁育期，宜施发酵腐熟的有机肥，每亩施用量为100~150 kg，再结合补肥、使用微生态制剂、加水、换水等措施使整个养殖期间水体透明度控制在25~35 cm。稻田肥水的特点在于通过补菌、补藻可以把稻秆、稻茬腐烂沤出的有机肥合理应用，变废为宝。

（3）水草管理。水稻种植之前，水草面积控制在田面面积的30%~50%，水草过多时及时割除，水草不足时及时补充。经常检查水草生长情况，水草根部发黄或白根较少时及时施肥。在水草虫害高发季节，每天检查水草有无异常，发现虫害，及时进行处理。

（4）巡田。每日早晚巡田，观察稻田的水质变化以及小龙虾摄食、蜕壳生长、活动、有无病害等情况，及时调整投饲量，定期检查、维修防逃设施，发现问题及时处理。

（5）水稻收割后上水。收割水稻时间一般在10月上旬前后。对于繁育小龙虾苗种的稻田，水稻收割建议稻茬留40~50 cm，水稻收割后应先晒7~10天，然后每10~15 m耙成一堆，以免上水后稻秆集中腐烂导致水很快发红、发黑、发臭，同时缓慢地释放肥力。

5）捕捞

投放幼虾时,第一批成虾捕捞时间为4月中下旬至6月上旬,第二批成虾捕捞时间为8月上旬至9月底。投放亲虾时,幼虾捕捞时间为3月中旬至4月中旬。成虾捕捞时间和投放幼虾时相同。捕捞工具以地笼为主。幼虾捕捞地笼网眼规格以1.6 cm为宜,成虾捕捞地笼网眼规格以2.5~3.0 cm为宜。捕捞初期,不需排水,在傍晚直接将地笼放在田面上及边沟内,第二天清晨起捕。地笼放置时间不宜过长,否则小龙虾容易自相残杀严重或因局部密度过高造成其缺氧。地笼一般每隔3~5天换一个地方。当捕获量渐少时,降低稻田水位,使虾落入边沟内,再集中在边沟内放地笼。

**3.稻鳖共生——中华鳖养殖技术**

1）品种选择

中华鳖是稻鳖综合种养模式中的主要水产养殖对象,在我国养殖的中华鳖品种不多,可选择的种类不多。根据调查,目前比较适合稻鳖综合种养的品种包括传统中华鳖地理群体中的太湖群体、洞庭湖群体和黄河群体,中华鳖日本品系以及国家审定的中华鳖新品种浙新花鳖等。在进行稻鳖综合种养时,要根据品种特点、当地环境条件和市场销售情况进行选择。

2）田间工程

中华鳖喜静怕惊,喜阳怕风,进行养殖的稻田应当避开公路、喧闹的场所、噪声较大的厂区和风道口等,选择环境比较安静的区域,地势应背风向阳,避开高大的建筑物。稻田周边基础设施条件良好,水、电、道路,以及通信设施基本具备,且电力供应有保障。稻鳖共生应选择水质良好、水源充足、田块面积大且连片分布的稻田。田埂加固可采用土埂或者水泥田埂,土埂内侧宜用水泥板、砖混凝土墙等进行护坡,防止土埂因为中华鳖的挖掘、爬行等活动而受损。进、排水渠可用U形水泥预制件或者砖

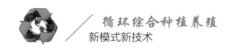
混凝土结构建成,首次养鳖的稻田和长期养殖的田块都需要消毒。每亩用生石灰150 kg干法清塘,清塘后表层土用拖拉机翻耕一次,暴晒消毒。

3）放养方式

鳖种的质量要求是无病、无伤,体表光滑、有光泽,裙边坚挺及肥满度高。个体规格在400 g以上,每亩放养300~500只,中华鳖放养在稻田中,一般要求水温要稳定在25℃以上。双季稻田一般在4月中下旬到5月上中旬开始,单季稻田则在5月中旬开始。在放养时,如果水稻还未插秧或未返青,可以先将中华鳖放入沟坑中,待水稻插秧返青后再放入大田中。如果插秧的水稻已经返青,可以直接将中华鳖放入稻田。

4）饲料投喂

稻田中虽然有很多天然饵料,但不足以维持中华鳖的正常生长发育,因此需要投喂饲料,日投喂量占体重的2%~3%,每日投喂两次,上、下午各一次。当水温达到并稳定在28℃且不超过35℃时,要加大投喂量。当水温下降时,逐步减少投喂量,当水温下降到22℃以下时停止投喂,投喂场所设在沟坑中的投饲台内。

5）病害防治

稻鳖共生模式下中华鳖的养殖密度相对较低,基本不发病。但如果发生病害,则应立刻确诊后对症下药。给药方法主要有鳖体消毒、水体消毒和投喂药饵等。在水体中,可以采用水体消毒的方法。在中华鳖发病情况下,常用的漂白粉的浓度一般为5~10 mg/L,生石灰的浓度为20 mg/L。对于抗生素药物应根据规定用药,一般用药饵。用氟苯尼考、新霉素时,每千克饲料拌药3~5 g,每日投喂一次,连续投喂3~4天。

鳖病的防治要坚持"预防为主、积极治疗、防重于治"的原则,通过饲养与管理达到减少发病或不发生重大疾病的目标。具体措施如下:①中华鳖养殖密度以及水稻插秧密度要合理。在鳖种培育期间,稚鳖的放养密度在每平方米25~30只为宜，水稻的插秧密度以每亩种0.6万~0.8万穴为宜。②要定期消毒，一般采用生石灰或漂白粉进行消毒，从而最大限度减少疾病的发生。③加强饲养管理,中华鳖的饲料要采用"四定"投喂方法（定时、定位、定质、定量）进行投喂,日投饲量根据气温变化调整。

6）收获

中华鳖可以采用钩捕、地笼或在鳖沟坑内捕获。在整个生长季内，当中华鳖的规格在0.5 kg以上时，可以采用地笼或钩捕等方法零星捕获以及出售。中华鳖的大批量起捕一般在水稻收割完成后再进行。

### 4.稻鱼共生——鱼养殖技术

1）鱼苗品种的选择

随着稻渔综合种养的发展,稻鱼种养由单品种向多品种混养发展,由养殖常规品种向养殖优良品种发展，从而提高了产品的市场适应能力。稻渔种养的品种选择的思路：一是出肉率高、抗病力强,二是饲料转化率高、适应环境能力强,三是生长速度快、起捕率高。目前,稻鱼种养的品种包括鲤、鲫、草鱼、鲇、泥鳅、罗非鱼、乌鳗、黄颡鱼、鲢、鳙等。

2）鱼苗放养模式

投放的鱼苗要求体质健康、无病无伤、规格整齐。稻鱼种养的苗种规格一般满足在一个生长季节或饲养期内能达到商品规格为好。苗种规格应根据各地气候特点、鱼的生长期、放养密度、饲养水平等综合考虑。鱼种放养时间大都在插秧之后,放养的鱼种既可选择夏花鱼种,也可选择春片鱼种。但由于稻田鱼种放养晚,春片鱼种很难购买,相比之下夏花鱼种更容易买到。若5月底放鱼,10—11月捕获,则鱼的饲养期仅150天左右,则要求放养的鲤、鲫等品种规格较大,可选择体重70~100 g的鱼种。若5月底放鱼,预备利用冬闲田养殖至次年捕获,则放养的鲤、鲫等可选择小规格鱼。投放密度应维持在亩产成鱼鲜重100~150 kg。

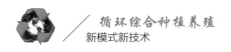

3）饲料投喂

养鱼饲料按其来源可分为天然生物饵料、青饲料、精饲料和配合饲料四大类,饲料种类可根据品种进行选择。当水温超过15℃开始正常投喂,每天投喂两次,上午(8:00前后)、下午(17:00前后)各一次。在6—9月的日投饲次数可以增加到3~4次。每日投饲次数具体视水温、天气和鱼类吃食情况而定。若遇梅雨季节,应控制投饵量,适当减少投饵次数。水稻收获期,减少投喂次数,待水稻收获后,投饵频率恢复,后期随气温下降,鱼的摄食量逐渐减少,当水温下降到10℃以下时,停止投喂。投饵要坚持"四定"——定时、定量、定质、定位的原则。投喂配合饲料可采用人工手撒投饲和机械自动投饲两种方式。

4）养殖水管理

养鱼先养水,保证养殖用水的"肥、活、嫩、爽"是鱼生长的关键。根据稻田水质的情况,可科学选用适宜微生物制剂进行水质改良。水质过肥,选用硝化细菌;水质较瘦,选用光合细菌。种养稻田水位水质的管理,既要服务鱼类的生长需要,又要服从水稻生长对环境"干干湿湿"的要求。水质根据天气、水温等条件灵活掌握。在水质管理上要根据季节变化调整水位。4—5月为了提高水温,鱼沟内应保持水深0.5~0.8 m。随着气温升高和鱼类长大,水深可继续加深,8—9月水位可提升到最高。

5）病害防控

稻鱼种养,需要重视疾病的预防工作,树立"防重于治"的观念,从管理好稻田水环境、加强日常饲养管理、提高鱼的免疫力三个方面来进行疾病防控。稻渔种养模式由于养殖密度较低,养殖时间较短,病害少有发生,调查发现有细菌性烂鳃病和寄生虫病偶发。

6）捕捞

常见的捕捞工具包括渔网、抄网、手抛网、地笼等。可采用拉网捕捞、干田捕捞、撒网捕捞、地笼捕捞等方式。

### （四）示范案例及经济效益

#### 1.稻蟹共生

1）宁夏"稻田镶嵌流水设施生态循环综合种养模式"

2018年，宁夏将"宽沟深槽"稻渔综合种养技术和池塘工程化循环水养殖技术结合起来，把养鱼流水槽建设到稻蟹种养的环沟中，创新出"稻田镶嵌流水设施生态循环综合种养模式"，即以10亩稻田为种养单元，在"宽沟深槽"环田沟内配套建设一个22 m×5 m×2 m的标准化流水槽。稻田中进行水稻和鱼、小龙虾、河蟹等的综合种养，稻田中放养的动物（鱼、虾、中华鳖、泥鳅、鸭等）可消除田间杂草，消灭稻田中的害虫，疏松土壤；稻田环沟中集中或分散建设标准流水养鱼槽，流水槽集约化高密度养殖鲤鱼、草鱼、鲫鱼等鱼类，养鱼流水槽中的肥水直接进入稻田，促进水稻生长；水稻吸收氮、磷等营养元素净化水体，净化后的水再次进入流水槽进行循环利用，形成了一个闭合的"稻-蟹-鱼"互利共生良性生态循环系统，实现了"一水多用、生态循环"，从根本上解决了养殖水体富营养化和尾水不达标外排等生态环境治理问题，减少了病害发生，提升了水稻和水产品的品质。稻田镶嵌流水设施生态循环综合种养模式与单纯的池塘工程化循环水养鱼模式相比，养殖尾水净化率、水质优良率、水资源利用率均提高50%以上，水稻亩产量稳定在500 kg以上，水产品产量提高7.8倍，贯彻落实了农业农村部提出的"稳粮、促渔、增效、提质、生态"的稻渔综合种养发展要求。

2019年，宁夏将"宽沟深槽"稻渔综合种养技术和陆基玻璃缸循环水养殖技术结合起来，开展"陆基玻璃缸配套稻渔生态循环综合种养"试验，即每10~20亩稻田建设一个直径5 m、深2.7~3.2 m的圆形玻璃缸，圆形

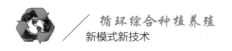
玻璃缸有效水体40 m³。玻璃缸集中建设在稻田陆地岸边,玻璃缸主要养殖高附加值的名优鱼类,稻田种稻、养蟹(鱼),稻田中养殖的蟹、鱼、鳅等为稻田除草,利用稻田中的各种生物作为食物,玻璃缸的养殖尾水每天定期排放进入稻田,水稻降解氨氮、亚硝酸盐,吸收利用水体中的氮、磷。水体净化后循环到流水槽重复循环利用。新模式有效丰富和拓展了稻渔综合种养的发展内容和空间。

2)辽宁"盘山模式"

采用"大垄双行、早放精养、种养结合、稻蟹双赢"的稻蟹综合种养技术模式,即辽宁"盘山模式"。水稻种植采用大垄双行、边行加密的方法,施肥采用测土施肥的方式,根据土壤特点,制定施肥方案并将肥料一次性施入,病害防治采用生物防虫方法。养蟹稻田水稻不但不减产,还可以增产5%~17%;而且养蟹稻田光照充足、病害减少,减少了农药化肥使用,生产出优质蟹田稻米。河蟹养殖采用早暂养、早投饵、早入养殖田、加大田间工程、稀放精养、测水调控、生态防病等技术措施。河蟹可吃食草芽和虫卵及幼虫,不用除草剂,达到除草和生态防虫害的效果;同时河蟹粪便又能提高土壤肥力,养殖的河蟹规格大、口感和质量好。稻田埝埂上再种上大豆,稻、蟹、豆三位一体,立体生态,并存共生,土地资源得到充分利用。

3)吉林"分箱式+双边沟模式"

吉林在水稻生产全程机械化作业基础上,根据本地区"大垄双行"插秧模式配套机械少、全人工插秧成本高、大面积推广受到制约的问题,发展了"分箱式+双边沟"稻蟹综合种养技术模式。其特点是水稻种植采用分箱式插秧、边行密植、测土施肥和生物防虫害等技术方法;河蟹养殖采取挖双边沟、早暂养、早入田、早投饵、稀放精养、测水调控和生态防病等技术措施,可实现稻蟹综合效益1 000元/亩,农药和化肥使用量减少40%

以上,取得了较好的经济效益、生态效益和社会效益。

该技术模式包括稻田准备、田间工程、分箱式插秧、扣蟹放养、饲料投喂、日常管理、蟹病防控、育肥、捕蟹几个过程。

**2.稻虾共生**

1)虾稻连作模式

虾稻连作是指在中稻田里种一季中稻后,接着养一季小龙虾的种养模式,即小龙虾与中稻轮作。具体地说,就是每年8月至9月中稻收割前投放亲虾,或9月至10月中稻收割后投放虾苗,第二年4月中旬至5月下旬收获成虾,5月底、6月初整田、插秧,如此循环轮替。

这种模式是利用低湖撂荒稻田,开挖简易围沟放养小龙虾种虾,使其自繁自养的一种综合养殖方式。其主要特点是种一季中稻、养一季小龙虾,亩产小龙虾在100 kg左右。

2)虾稻共作模式

虾稻共作是一种种养结合的生产模式,即在稻田中养殖小龙虾并种植一季中稻,在水稻种植期间,小龙虾与水稻在稻田中同生共长。具体来说,就是每年的8月至9月中稻收割前投放亲虾,或9月至10月中稻收割后投放虾苗,第二年的4月中旬至5月下旬收获成虾,同时补投幼虾,5月底整田、插秧,9月收获亲虾或商品虾,如此循环轮替的过程。

这种模式是在虾稻连作模式基础上发展而来的,变过去"一稻一虾"为"一稻两虾",延长了小龙虾在稻田的生长期,实现了一田两季、一水两用、一举多赢、高产高效的目的,在很大程度上提高了经济效益、社会效益和生态效益,不仅提高了复种指数、增加了单位产出、拓宽了农民增收渠道,而且有利于国家粮食安全,大幅增加农民收入,亩产小龙虾150~200 kg。

**3.稻鳖共生**

稻鳖共生的综合种养模式是以中华鳖和水稻共作的方式生产,集农、

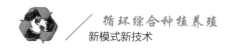

工、科、贸于一体,完美实现一二三产业融合。稻鳖综合种养基地的水稻产量视品种不同而异,一般亩产在450~550 kg。对全国不同稻作区内开展的稻鳖模式的示范推广点进行调查测定表明,不同区域的稻鳖模式均取得了较好的效益。在水稻产量不降低的情况下,每亩稻田中华鳖产出量在50~250 kg。因产品质量安全放心,产品售价相对高。其中,稻米销售价格达20元/kg, 中华鳖按产品质量划分等级进行销售, 售价在176元/kg以上,亩产值高达2.5万元以上。扣除田租、人工、水电、饲料等成本,亩均利润在8 000元以上。

**4.稻鱼共生**

"稻鱼共生"是我国的传统农业种养模式,有着悠久的发展历史和深厚的文化积淀。2005年青田县稻鱼共作被列为全球重要农业文化遗产保护项目。由于丘陵地区田块不大,该模式在田中不开挖鱼沟、鱼坑,采用平田式,但会在房前屋后修鱼坑,在冬季利用鱼坑让鱼种过冬。

# ▶ 第二节 农区草牧业标准化生产模式

## 一 农区草牧业标准化生产模式概述

### 1.农区草牧业标准化生产概念与意义

草牧业的概念是"草业+草食畜牧业+相关延伸产业",见图2-1。草牧业是以植物营养体的生产和利用为基础,以饲草生产、草食动物生产、加工等延伸产业的融合和耦合为一体,创造高效和高附加值的生产效益和生态效益的新兴产业。草牧业是一个基础明确、产业关系明确、由内而外渐次扩展的"三合一"的产业形式。草是基础,畜是第二性生产,加工及其

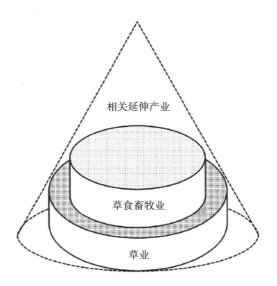

图2-1 草牧业"三合一"关系图

他延伸产业是外延。草牧业的"三合一"概念,实际上与任继周先生关于草业的"前植物生产层、植物生产层、动物生产层、后生物生产层"四层次理论及钱学森先生的知识密集型草产业理论是一脉相承的,只是在产业组分形式上更具体化,更突出了农业要素通过重组整合而形成新的高效优质的产业形式。因此,结构重组是草牧业发展的关键,发展草牧业是大农业"转方式、调结构"的最典型模式和最主要方向,见图2-2。

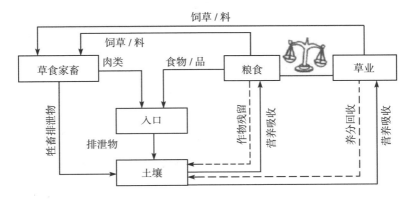

图2-2 草牧业产业结构重组优化示意图

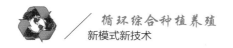
我国草牧业基本上可以划分为牧区草牧业和农区草牧业。牧区草牧业以天然草场放牧为主,长期以来超载过牧导致草原退化、沙化使生态环境恶化,草畜矛盾尖锐,牧草养殖仍为"夏肥、秋壮、冬瘦、春亡"现象所困扰,造成这些问题的原因归根到底就是饲草不足。农区草牧业建立在粮食发展基础之上,在农区有粮才有牧、无粮则无牧,人畜争粮是最突出的矛盾,究其根由也主要是饲草饲料短缺。另外,牧区和农区养畜都存在基础设施薄弱、生产技术落后、经营管理粗放等问题,这严重地影响着草牧业的稳定发展。

而农区草牧业标准化生产技术就是围绕草牧业发展相关要素,结合当前我国草牧业发展存在的饲草资源利用率低、良种化程度不高、标准化设施落后和规模效益低下等产业问题,开展移动羊舍及附属设施建造、优质肉羊品种选育、混播草地种植与利用、牧草种植与加工、秸秆饲料化利用、疫病安全防治、小气候环境调控、粪污资源化利用等关键技术研发与推广,致力于农区草牧业的发展。由此可见,集种植、养殖和加工于一体的农区草牧业标准化生产技术是发展我国畜牧业的关键。

农区草牧业标准化生产模式具有"种养结合,生态效益显著;标准化生产,经济效益显著"的特征,以肉羊养殖为基础,充分发挥草牧业不与人争粮、不与粮争地和产品环保生态安全的优势,遵循建立草牧业系统的科学要求,客观把握种草养畜的双重性、长期性、多样性和群众性等特点,因地制宜、科学载畜、划区轮牧、过腹还草、草畜平衡,在确保生态安全的前提下,变"被动养生态、中低产田种粮"为"草畜土"综合开发利用的平衡发展模式,以优势产业开发推动长效生态建设,以生态建设保障产业可持续发展,生态与生计并举,资源永续利用,实现资源优势向经济优势转化。

因此,农区草牧业标准化生产技术对我国草牧业的农业发展具有重要意义。一是转变农业发展方式,推动一二三产业融合发展的迫切需要。对于农区来讲,发展草牧业,不但能利用浅山丘陵区的草地资源,而且能充分利用秸秆等非常规饲料,将传统农业中的"种植—粮食—秸秆副产物"与传统畜牧业中的"饲料—畜产品—粪尿"这两种各自单一的线性链条相衔接,形成"种植—粮食、秸草—养畜—畜产品加工—农业肥料—种植"的有机循环经济体,实现了"植物生产—动物转化—微生物还原",推动了一二三产业融合发展。二是改善膳食结构,构建和谐社会的迫切需要。我国居民的膳食结构属于温饱型,层次较低,世界人均乳品消费107 kg,发达国家238 kg,发展中国家72 kg,我国人均27 kg,差距较大。而且我国拥有大量穆斯林人口,其肉类消费以牛羊肉为主且不可替代,牛羊肉需求呈现出刚性增长态势。因此,发展草牧业,提高草食畜产品供给能力,是丰富菜篮子、提高人民生活水平、维护民族团结和社会稳定的现实选择。三是缓解粮食生产压力,保障食物安全的迫切需要。当前,我国口粮安全无忧,但是饲料粮的安全形势较为严峻。我国人多地少,只有充分利用秸秆、牧草、农副产品等非粮饲料资源,大力发展草牧业,在减小粮食消耗和饲料粮供给压力的同时,增加草食畜产品有效供给,才能有效保障食物安全。

## 二 牧草品种及种植技术

牧草是养羊产业发展的基础,也是保证羊产品质量的根本,科学种植牧草是实现生态化养羊的基础。牧草种植对土壤的要求相对较低,合理种植优质牧草,不仅可以实现农业结构调整,提高生产效益,同时可以改善土壤。通过集成推广优质牧草种植、人工草地放牧和秸秆加精料补饲等高效生产技术,大力发展"草—羊—土"平衡的规模化、标准化和产业化草牧业(肉羊)生产,稳步推进"粮改饲",实现"藏粮于地、藏粮于技"是

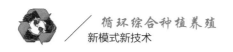
农业绿色发展的有效途径。客观把握种草养畜的双重性、长期性、多样性和群众性等特点,因地制宜、科学载畜、过腹还田、草畜平衡,实现"种草养羊、羊粪肥田"的"草—羊—土"平衡的草牧业标准化生产。

**1.牧草品种选择**

适宜生态羊场种植的牧草种类繁多,如紫花苜蓿、甜高粱、高丹草、皇竹草、黑麦草、三叶草、菊苣、籽粒苋、串叶松香草、杂交狼尾草、矮象草、墨西哥玉米、牛鞭草等。在进行草种的选择时,应严格遵循"生态和养殖相结合"的原则,要求牧草产量高、品质好,混播牧草亩产量应在5 t以上,青贮牧草亩产量应在9 t以上,且可以改善土壤物理性状、水文效益、渗透速度、茎叶截雨量、根系密度、生物量,以及经济效益等。要考虑种植区域内的气候条件和地理情况,妥善选择牧草的种类。

栽培草种的区划是科学种植牧草的前提,而栽培牧草品种的选择主要取决于播种地区的气候条件、土壤状况、牧草品种的适应性、牧草利用方式等4个方面。根据"中国多年生栽培牧草区划"研究成果,可将中国牧草区划分为9个栽培区和40个亚区,见表2-5,各地依此选择适宜栽培的牧草种和品种。

**2.牧草种植技术**

1)合理选择地块

草场的选择应遵循以下原则:草场的设置一定要选择在地域较为平坦且不会受暴雨灾害或者山体滑坡灾害影响的地区;牧草应该选择肥沃的田地进行种植,瘠薄土地可用羊粪等有机肥改良;牧草种植地块应该与羊舍距离较近,避免需要使用大量劳动力进行牧草种植,增加养殖成本;草地应交通便捷,方便牧草运输;放牧草地要安装饮水等基础设施。

2)播种方式

播种方法有条播、撒播、带肥播种和犁沟播种等方法。条播指每隔一

表 2-5　中国多年生栽培牧草区划详表

| 牧草种和品种栽培区 | 亚区的数量 | 亚区详细 |
| --- | --- | --- |
| 东北羊草、苜蓿、沙打旺、胡枝子栽培区 | 6个 | ①大兴安岭羊草、苜蓿、沙打旺亚区<br>②三江平原苜蓿、无芒雀麦、山野豌豆亚区<br>③松嫩平原羊草、苜蓿、沙打旺亚区<br>④松辽平原苜蓿、无芒雀麦亚区<br>⑤东部长白山山区苜蓿、胡枝子、无芒雀麦亚区<br>⑥辽西低山丘陵沙打旺、苜蓿、羊草亚区 |
| 内蒙古高原沙打旺、老芒麦、蒙古岩黄芪栽培区 | 7个 | ①内蒙古中南部老芒麦、披碱草、羊草亚区<br>②内蒙古东南部苜蓿、沙打旺、羊草亚区<br>③河套—土默特平原苜蓿、羊草亚区<br>④内蒙古中北部披碱草、沙打旺、柠条亚区<br>⑤伊克昭盟柠条、蒙古岩黄芪、沙打旺亚区<br>⑥内蒙古西部梭梭、沙拐枣亚区<br>⑦宁甘河西走廊苜蓿、沙打旺、柠条、细枝岩黄芪亚区 |
| 黄淮海苜蓿、沙打旺、无芒雀麦、苇状羊茅栽培区 | 5个 | ①北部西部山地苜蓿、沙打旺、葛藤、无芒雀麦亚区<br>②华北平原苜蓿、沙打旺、无芒雀麦亚区<br>③黄淮海苜蓿、沙打旺、苇状羊茅亚区<br>④鲁中南山地丘陵沙打旺、苇状羊茅、小冠花亚区<br>⑤胶东低山丘陵苜蓿、百脉根、黑麦草亚区 |
| 黄土高原苜蓿、沙打旺、小冠花、无芒雀麦栽培区 | 4个 | ①晋东豫西丘陵山地苜蓿、沙打旺、小冠花、无芒雀麦、苇状羊茅亚区<br>②汾渭河谷苜蓿、小冠花、无芒雀麦、鸭茅、苇状羊茅亚区<br>③晋陕甘宁高原丘陵沟壑苜蓿、沙打旺、红豆草、小冠花、无芒雀麦、扁穗冰草亚区<br>④陇中青东丘陵沟壑苜蓿、沙打旺、红豆草、扁穗冰草、无芒雀麦亚区 |

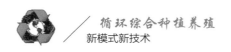
续表

| 牧草种和品种栽培区 | 亚区的数量 | 亚区详细 |
|---|---|---|
| 长江中下游白三叶、黑麦草、苇状羊茅、雀稗栽培区 | 3个 | ①苏浙皖鄂豫平原丘陵白三叶、苇状羊茅、苜蓿亚区<br>②湘赣丘陵山地白三叶、岸杂一号狗牙根、苇状羊茅、紫花苜蓿、雀稗亚区<br>③浙皖丘陵山地白三叶、苇状羊茅、多年生黑麦草、鸭茅、红三叶亚区 |
| 华南宽叶雀稗、卡松古鲁狗尾草、大翼豆、银台欢栽培区 | 4个 | ①闽粤桂南部丘陵平原大翼豆、银合欢、圭亚那柱花草、卡松古鲁狗尾草、宽叶雀稗、象草亚区<br>②闽粤桂北部低山丘陵银合欢、银叶山蚂蝗、绿叶山蚂蝗、宽叶雀稗、小花毛花雀稗亚区<br>③滇南低山丘陵大翼豆、圭亚那柱花草、宽叶雀稗、象草亚区<br>④台湾山地平原银合欢、山蚂蝗、柱花草、毛花雀稗、象草亚区 |
| 西南白三叶、黑麦草、红三叶、苇状羊茅栽培区 | 4个 | ①四川盆地丘陵平原白三叶、黑麦草、苇状羊茅、扁穗牛鞭草、聚合草亚区<br>②川陕甘秦巴山地白三叶、红三叶、苜蓿、黑麦草、鸭茅亚区<br>③川鄂湘黔边境山地白三叶、红三叶、黑麦草、鸭茅亚区<br>④云贵高原白三叶、红三叶、苜蓿、黑麦草、喜湿鹧亚区 |
| 青藏高原老芒麦、垂穗披碱草、中华羊茅、苜蓿栽培区 | 5个 | ①藏南高原河谷苜蓿、红豆草、无芒雀麦亚区<br>②藏东川西河谷山地老芒麦、无芒雀麦、苜蓿、红豆草、白三叶亚区<br>③藏北青南垂穗披碱草、老芒麦、中华羊茅、冷地早熟禾亚区<br>④环湖甘南老芒麦、垂穗披碱草、中华羊茅、无芒雀麦亚区<br>⑤柴达木盆地沙打旺、苜蓿亚区 |
| 新疆苜蓿、无芒雀麦、老芒麦、木地肤栽培区 | 2个 | ①北疆苜蓿、木地肤、无芒雀麦、老芒麦亚区<br>②南疆苜蓿、沙枣亚区 |

定距离将种子播种成行,并采用随播随覆土的播种方法。湿润地区或有灌溉条件的地区,行距一般在15 cm左右;在干旱条件下,通常采用30 cm的行距。收种用草地行距一般在45~100 cm。撒播是把种子均匀撒在土壤表面,然后轻耙覆土。寒冷地区可在冬季把种子撒在地面不覆土,借助结冻和融化的自然作用把种子埋入土中。带肥播种是在播种时,把肥料施于种子下面,施肥深度一般在播种深度以下4~6 cm处,主要是施磷肥。犁沟播种可在干旱和半干旱地区、地表干土层较厚的情况下采用。方法是使用机械、畜力或人力开沟,将种子撒在犁沟的湿润土层上,犁沟不耙平,待当年牧草收割或生长季结束后耙平。高寒地区也可用这种方法播种,以提高牧草的越冬率。一般粒大种子播种量多于粒小种子;收草地播种量多于收种草地;撒播用种量多于条播,而条播多于穴播;早春气温低或干旱地区播种,播种量应高于早春气温回升快或湿润地区;种子品质差、土壤条件不好的情况下,均应加大播种量。

3)水肥管理

高产优质常是牧草种植者的追求目标,牧草和饲料作物不乏高产优质的草品种。美国研究报道,种植苜蓿每亩土地最高可产干草在3 t以上;种植青饲玉米、杂交狼尾草(又称王草、皇竹草)鲜草产量可达10 t之多。要想获得优质高产,通常要有良好的水肥供应和科学的管理。通常生产1 kg干草,耗水量为(来自降雨或灌溉)400~800 kg。施肥以充足的有机肥最为理想,经济环保,是生产有机饲料和有机食品的必备条件之一。施用化肥也是常用的措施,禾本科牧草以施氮肥(尿素、碳酸氢铵等)为主,豆科牧草以施磷钾肥(过磷酸钙、重钙,硫酸钾、氯化钾等)为主,种植豆科牧草应接种根瘤菌,以提高生物固氮能力。

4)牧草的收割时期

种草的最终目的是通过饲喂家畜转化为更多的优质畜产品,因此牧

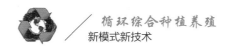
草的适时收割至关重要。通常兼顾收获牧草的产量和质量,豆科牧草第一茬宜在现蕾至初花期收割,禾本科牧草宜在孕穗末至抽穗初期收割,青贮甜高粱和玉米宜在蜡熟期收割。

5)合理安排茬口

在进行牧草种植时,要遵循牧草供应的均衡性原则,将人工混播草地与天然牧草资源的利用相结合,将长类牧草和短类牧草进行结合种植,并将不同品种、不同季节的牧草合理安排换茬,如一年生牧草与多年生牧草、豆科牧草与禾本科牧草搭配种植,达到改良土壤和保持土壤肥力的目的。

6)混播牧草种植

在草原区或土地资源充裕的半农半牧区、农区建立混播草地是降低养羊成本、保持羊群健康体况的重要措施。混播的基本原则:一是所采用的混播草品种在生长过程的兼容性,混播草品种一般在3~5个。二是保障家畜安全和健康生长的需要,一般混播草地禾本科牧草占70%~80%,豆科牧草占20%~30%。三是草地的耐牧性和持久性,多采用根茎形或具匍匐茎牧草。在北方草原区,常用的混播草种有苜蓿、沙打旺、冰草、羊草、无芒雀麦等。在南方农区,常用的混播草种有苜蓿、鸭茅、菊苣、白三叶、饲料油菜等。

混播草地一般在秋季播种,秋播克服了春播遇到的春旱问题,经过了降雨相对集中的夏秋季后,秋季土壤中的含水量相对较高,而且由于秋季气温逐渐降低、日照时间缩短,减少了土壤水分的蒸发。因此,秋季土地的墒情好,此时播种可以使土壤中有相对充足的水分保证种子的萌发。秋季播种可以克服春播遇到的杂草覆盖影响生长的困难。牧草种子一般都比较小,特别是诸如苜蓿、三叶草等豆科牧草和黑麦草、羊茅等禾本科多年生牧草,常常因种子细小、苗期生长缓慢,在春播时由于这些牧草生长速度不及返青杂草快,经常出现牧草被杂草覆盖的现象。在秋季进行牧草播种,此时大部分的杂草逐渐枯萎死亡,不会对牧草苗期的生长产生不利的影响。秋季播种有利于翌年春季牧草的萌发与生长,牧草经过秋末和冬季的生长发育,根系基本建立而且较为牢固,在来年春季,返青时间比杂草要早,生长比杂草迅速,可以迅速形成覆盖,抑制杂草的生长。秋播牧草可以防止冬春季节土壤的风蚀,许多冬闲田和留茬地,由于在秋收后要等到来年的春天才进行种植,在整个冬春季节缺少植被覆盖,当遇到比较干旱、气温偏高的气候条件时,冬闲地的表层土壤会遭到风蚀,遇风则有浮尘,特别是在春天多见。近年来我国出现浮尘天气,其中一个重要的原因就是冬闲田的风蚀。风蚀所带来的不仅仅是表土的损失,同时会造成土壤中养分的损失,影响土壤的肥力,当在这些冬闲地上进行秋播牧草后,可以大大地减少土壤的风蚀。

## 三 肉羊品种及生态养殖模式

### 1.肉羊生态养殖模式

我国农业地域差异较大,自然资源和生态环境有所不同,不同生态区域肉羊的品种差异很大,尤其是高海拔或高纬度地区。肉羊品种的选择应以肉羊品种适应能力为重点考察指标,力求因地制宜、科学合理。

根据肉羊产业区域分布及肉羊生产的特点,肉羊的生态养殖模式可分为牧区放牧肉羊生态养殖、农区秸秆利用肉羊生态养殖、南方草山草坡放牧肉羊生态养殖和人工草地系统肉羊生态养殖4种生态养殖模式,各生态养殖模式优势肉羊品种见表2-6。

### 2.羊群结构分配

畜群结构调整,包括畜种结构、品种结构和在某畜种的不同性别、不同年龄等个体的结构。根据羊的性别、年龄、生理阶段的不同,把羊分为8

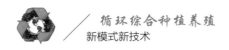

表 2-6  不同肉羊生态养殖模式优势肉羊品种

| 肉羊生态养殖生产模式 | 分布区域 | 基本情况 | 优势肉羊品种 |
|---|---|---|---|
| 牧区放牧 | 北方牧区、青藏高原 | 草地面积大且连接成片,但草地生产力不高,牧草品质偏低 | 以绵羊为主,主要有蒙古羊、乌珠穆沁羊、巴美肉羊、藏羊、欧拉羊、滩羊、哈萨克斯坦羊、阿勒泰羊、多浪羊等 |
| 农区秸秆利用 | 农区、农牧交错地区 | 农作物秸秆、农副产品资源丰富 | 肉用绵羊,如小尾寒羊、湖羊、大尾寒羊、黄淮肉羊等;肉用山羊,如济宁青山羊、黄淮山羊等 |
| 南方草山草坡放牧 | 南方地区 | 草地资源丰富,单位面积生物量高,但草地较分散,面积小 | 以山羊为主,如南江黄羊、简州大耳羊、云上黑山羊、马头山羊、雷州山羊、长江三角洲白山羊、贵州黑山羊、贵州白山羊、波尔山羊等 |
| 人工草地系统 | 全国各地均有分布 | 草地生产力较好,气候条件较好 | 绵羊、山羊都有。肉用绵羊品种有杜泊绵羊、湖羊等。山羊品种有南江黄羊、简州大耳羊、云上黑山羊、波尔山羊等 |

个阶段:母羊(母羊空怀期、母羊怀孕前期、母羊怀孕后期、哺乳期)、公羊(公羊配种期、公羊非配种期)、羔羊期和育成期。其中,配种期4个月(包括配种前的调试准备1个月),非配种期8个月,常年发情品种配种期较长。羔羊期3个月,育成期9个月。

羊群结构以繁殖母羊为基础,按照性别、年龄和用途调整羊群结构。肉羊生产中,羊群的公母比例以1:36为宜,繁殖母羊、育成羊、羔羊比例应为5:3:2,以保证较高的生产效率、繁殖率和可持续发展后劲。为加快良种改良进度,应普及人工授精繁育技术,减少公羊饲养量,降低生产成本。

### 3.种公羊的饲养管理

种公羊的基本要求是体质结实、不肥不瘦、精力充沛、性欲旺盛、精液品质好。种公羊精液的数量和品质,取决于日粮的全价性及饲养管理的科学性和合理性。体重100~130 kg种公羊的配种期日粮,每天青干草(苜蓿、红豆草、冰草、青玉米苗和野杂草晒制而成)自由采食,补饲混合精料0.7~1.0 kg,鸡蛋2~3枚和豆奶粉200 g。混合精料组成:玉米54%,豆类16%(配种期增加到30%),饼粕12%,麸皮15%,食盐2%,骨粉1%。

饲养管理日程:种公羊在配种前1个月开始采精,检查精液品质。开始采精时,一周采精一次,继后一周两次,以后两天一次。到配种时,每天采精1~2次,成年公羊每日采精最多可达4次。多次采精者,两次采精间隔时间至少为2 h。对精液密度较低的公羊,可增加动物性蛋白质和胡萝卜的喂量;对精子活力较差的公羊,需要增加运动量。当放牧运动量不足时,每天早上可酌情定时、定距离和定速度增加运动量。种公羊饲养管理日程,因地而异。以甘肃省永昌肉用种羊场的种公羊配种期的饲养管理日程为例,介绍如下:

6:00—8:00驱赶运动,距离3 000 m;

8:00—9:00喂料(混合精料占日粮的1/2,鸡蛋1~2枚);

9:00—11:00采精;

11:00—14:00自由采食青干草、饮水;

14:00—15:00圈内休息;

15:00—17:00采精;

17:00—18:00喂料(混合精料占日粮的1/2,鸡蛋1~2枚);

18:00—20:00自由采食青干草、饮水;

20:00以后圈内休息。

种公羊在非配种期,虽然没有配种任务,但仍不能忽视饲养管理工作。除放牧采食外,应补给足够的能量、蛋白质、维生素和矿物质饲料。以甘肃省永昌肉用种羊场的种公羊非配种期的饲养管理日程为例:在冬、

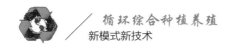
春季节,每天每羊饲喂玉米青贮2.0 kg,混合精料0.5~0.7 kg,青苜蓿干草1.0~2.0 kg。在天气好时坚持适当放牧和运动。负责管理种公羊的人员,应当是身体健康、工作认真负责,具有丰富的绵、山羊放牧饲养管理经验者,同时,管理种公羊的人员,非特殊情况要保持相对稳定,切忌经常更换。

**4.繁殖母羊的饲养管理**

对繁殖母羊,要求常年保持良好的饲养管理条件,以完成配种、妊娠、哺乳和提高生产性能等任务。繁殖母羊的饲养管理,可分为空怀期、妊娠期和泌乳期三个阶段。

(1)空怀期的饲养管理。主要任务是恢复体况。由于各地产羔季节安排的不同,母羊的空怀期长短各异,如在年产羔一次的情况下,产冬羔母羊的空怀期一般为5~7个月,而产春羔母羊的空怀期可长达8~10个月。这期间牧草繁茂,营养丰富,注重放牧,一般经过2个月抓膘可增重10~15 kg,为配种做好准备。

(2)妊娠期的饲养管理。母羊妊娠期一般分为前期(3个月)和后期(2个月)。

妊娠前期:胎儿发育较慢,所增重量仅占羔羊初生重的10%。此间,牧草尚未枯黄,通过加强放牧能基本满足母羊的营养需要。随着牧草的枯黄,除放牧外,必须补饲,每只日补饲优质干草1.0~2.0 kg或青贮饲料1.0~2.0 kg。

妊娠后期:胎儿生长发育快,所增重量占羔羊初生重的90%,营养物质的需要量明显增加。据研究,妊娠后期的母羊和胎儿一般增重7~8 kg,能量代谢比空怀母羊提高15%~20%。此期正值严冬枯草期,如果缺乏补饲条件,胎儿发育不良,母羊产后缺奶,羔羊成活率低。因此,加强对妊娠后期母羊的饲养管理,保证营养物质的供给,对胎儿毛囊的形成、羔羊出生后的发育和整个生产性能的提高都有利。在我国西北地区,妊娠后期的肉用高代杂种或纯种母羊,一般日补饲精料0.5~0.8 kg,优质干草1.5~2.0 kg,青贮饲料1.0~2.0 kg,禁喂发霉变质和冰冻饲料。在管理上,仍须坚持放牧,每天放牧,游走距离5 km以上。母羊临产前1周左右,不得远牧,以便分娩时能回到羊舍。但不要把临近分娩的母羊整天关在羊舍内。在放牧时,做到慢赶、不打、不惊吓、不跳沟、不走冰滑地和出入圈不拥挤。饮水时应注意饮用清洁水,早晨空腹不饮冷水,忌饮冰冻水,以防流产。

(3)泌乳期的饲养管理。母羊泌乳期可分为哺乳前期(1.5~2个月)和哺乳后期(1.5~2个月)。母羊的补饲重点应在哺乳前期。

哺乳前期:母乳是羔羊主要的营养物质来源,尤其是出生后15~20天内,几乎是唯一的营养物质。应保证母羊全价饲养,以提高产乳量,否则,母羊泌乳力下降,影响羔羊发育。

哺乳后期:母羊泌乳力下降,加之羔羊已逐步具有了采食植物性饲料的能力。此时,羔羊依靠母乳已不能满足其营养需要,需加强对羔羊补料。哺乳后期母羊除放牧采食外,亦可酌情补饲。

### 5.育成羊的饲养管理

育成羊是指羔羊断乳后到第一次配种的幼龄羊,多在4~18月龄。羔羊断奶后5~10个月生长很快,一般毛肉兼用和肉毛兼用品种公母羊增重可在15~30 kg,营养物质需要较多。若此时营养供应不足,则会出现四肢高、体狭窄而浅、体重小、剪毛量低等问题。育成羊的饲养管理,应按性别单独组群。夏季主要是抓好放牧,安排较好的草场,放牧时控制羊群,放牧距离不能太远。羔羊断奶时,不要同时断料,在断奶组群放牧后,仍需继续补喂一段时间的饲料。在冬、春季节,除放牧采食外,还应适当补饲干草、青贮饲料、块根块茎饲料、食盐和饮水。补饲量应根据品种和各地的具体条件而定。

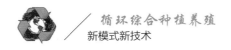
### 6.羔羊的饲养管理

羔羊主要指断奶前处于哺乳期间的羊只。羔羊出生后,应尽早吃到初乳。初乳中含有丰富的蛋白质(17%~23%)、脂肪(9%~16%)、矿物质等营养物质和抗体,对增强羔羊体质、抵抗疾病和排出胎粪具有重要的作用。在羔羊1月龄内,要确保1月龄内羔羊能吃到奶。对初生孤羔、缺奶羔羊和多胎羔羊,在保证吃到初乳的基础上,应找保姆羊寄养或人工哺乳,可用牛奶、山羊奶、绵羊奶、奶粉和代乳品等。羔羊10日龄就可以开始训练吃草料,以刺激消化器官的发育,促进心和肺功能健全。在圈内安装羔羊补饲栏(仅能让羔羊进去)让羔羊自由采食,少给勤添;羔羊20日龄后,可随母羊一道放牧。羔羊1月龄后,逐渐转变为以采食为主,除哺乳、放牧采食外,可补给一定量的草料。羔羊断奶一般不超过4月龄。羔羊断奶后,有利于母羊恢复体质,准备配种,也能锻炼羔羊的独立生活能力。羔羊断奶多采用一次性断奶方法,即将母、崽分开后,不再合群。母羊在较远处放牧,羔羊留在原羊舍饲养。母、崽隔离4~5天,断奶成功。羔羊断奶后按性别、体质强弱分群放牧饲养。

## （四）养殖场设计及设施装备

羊场建设是运用生态系统的生物共生和物质循环再生原理,运用系统工程方法将生产技术与生态技术相衔接,以肉羊饲养为主体,种养紧密结合,以生态安全、科学合理、因地制宜、经济实用为基本原则,围绕羊场选址、布局、羊舍建造、附属设施设备应用,适宜羊品种、饲草品种选择,不同类型草地资源规划利用等内容,构建符合羊生物学特性、羊群规模大小和生产管理方式的肉羊生态养殖综合生产体系,以实现肉羊生产提质增效。

## 1.羊舍及附属设施

羊舍建设要求:第一,要结合当地气候环境,南方地区天气较热,以防暑降温为主,北方地区冬季寒冷,以保温防寒为主;第二,尽量降低建设成本,做到经济实用;第三,创造有利于肉羊生产的环境;第四,圈舍的结构要有利于防疫;第五,保证人员出入、饲喂羊群、清扫栏圈方便;第六,圈内光线充足、空气流通、羊群舒适;第七,育成舍、母羊舍、产羔舍、羔羊舍要合理布局,而且要留有一定间距。

羊舍应有足够的面积,使羊在舍内不感到拥挤,可以自由活动。羊舍面积过大,既浪费土地,又浪费建筑材料;面积过小,舍内拥挤潮湿、空气污染严重有碍于羊体健康,管理不便,生产效率不高。各类羊只所需羊舍面积,见表2-7。

表 2-7　各类羊只所需羊舍面积

| 羊别 | 面积/($m^2$/只) | 羊别 | 面积/($m^2$/只) |
|---|---|---|---|
| 单饲公羊 | 4.0~6.0 | 育成母羊 | 0.7~0.8 |
| 群饲公羊 | 1.5~2.0 | 去势羔羊 | 0.6~0.8 |
| 春季产羔母羊 | 1.2~1.4 | 3~4月龄羔羊 | 0.3~0.4 |
| 冬季产羔母羊 | 1.6~2.0 | 育肥羯羊、淘汰羊 | 0.7~0.8 |
| 育成公羊 | 0.7~0.9 | — | — |

农区多为传统的公、母、大、小混群饲养,其平均占地面积应为0.8~1.2 $m^2$/只。产羔舍可按基础母羊数的20%~25%计算面积。运动场面积一般为羊舍面积的2~3倍。在产羔舍内附设产房,产房内有取暖设备,必要时可以加温,使产房保持一定的温度。羊舍高度要依据羊群大小、羊舍类型和当地气候特点而定。一般高度为2.8~3.0 m,双坡式羊舍净高(地面至天棚的高度)不低于2 m;单坡式羊舍前墙高度不低于2.5 m,后墙高度不低于1.8 m。南方地区的羊舍防暑防潮重于防寒,羊舍高度应适当增加。防疫要求包

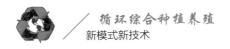
括防止场外人员及其他动物进入场区,场区应以围墙和防疫沟与外界隔离,周围设绿化隔离带。围墙与建筑物的间距不小于3.5 m,规模较大的肉羊场,四周应建较高的围墙(2.5~3.0 m)或较深的防疫沟(1.5~2.0 m)。

羊舍按外围护结构封闭的程度,分为封闭式羊舍、半开放式羊舍和开放式羊舍三大类型。

封闭式羊舍:由屋顶、围墙以及地面构成的全封闭状态的羊舍,通风换气仅依赖于门、窗或通风设备,该种羊舍具有良好的隔热能力,便于人工控制舍内环境。主要适用于温暖地区和寒冷地区养羊生产。

半开放式羊舍:半开放式羊舍三面有墙,正面全部敞开或有部分墙体,敞开部分通常在向阳侧,多用于单列的小跨度羊舍。这类羊舍的开敞部分在冬天可加遮挡形成封闭舍。由于一面无墙或有半截墙、跨度小,因而通风换气良好,白天光照充足,一般不需人工照明、人工通风和人工采暖设备,基建投资少,运转费用小,但通风不如开放舍。所以这类羊舍适用于冬季不太冷而夏季又不太热的地区使用。

开放式羊舍:一面(正面)或四面无墙,又称棚舍。其特点是独立柱承重,不设墙或只设栅栏或矮墙,结构简单,造价低廉,自然通风和采光好,可以起到防风雨、防日晒作用,但保温性能较差。冬季加挂卷帘遮挡,可有效提高羊舍的防寒能力。适用于炎热地区和温暖地区养羊生产,但需做好棚顶的隔热设计。

## 2.新型生态羊舍

移动羊舍是一种结构简单,便于舍内环境控制,只提供羊只休息,且无饲喂设备的羊舍。该羊舍可以看作是一个养殖羊群的一个基本单元。每一基本单元包括顶棚和羊床,顶棚与羊床为两个分离的结构;顶棚上带有升降装置,顶部设有太阳能加热板,羊床上安装有轮子便于移动。新型移动羊舍的结构示意图,见图2-3。

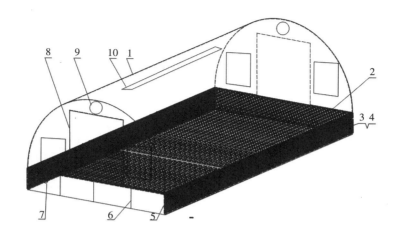

1.顶棚 　2.羊床 　3.窗纱 　4.防护网 　5.升降装置 　6.龙骨 　7.轮子
8.门 　9.通风口 　10.太阳能加热板

图2-3 　新型移动羊舍的结构示意图

新型移动羊舍有以下特点：

该羊舍特殊在从传统羊舍一定带有饲槽、饮水槽的观念解放出来,本羊舍专供羊只休息,不用于饲喂。羊舍顶棚可以升降。夏天时,顶棚可以升起,加快了舍内空气流通,使羊只凉爽。在窗户及通风口处都设夹有窗纱的防护网,可以防蚊虫,同时避免羊只毁坏羊舍。冬天时,顶棚降至地面可以减少舍内热量散失,同时太阳能加热板的作用可以更好地对羊舍进行保温。羊舍可以移动,在羊床下面安装有隐藏的轮子。羊的粪便积累到一定程度,可以推动羊床离开原来的地方,到达一个新的环境,以避免在同一地方累积过多的粪便,影响羊只休息与生长。

单元化、标准化管理。该移动羊舍是一个养殖群体的一个基本单元,一个单元可以饲养10~20只羊;规模化标准化养羊场可以采纳,普通农户也可以使用。

移动羊舍已在贵州麦坪、安徽肥东和湖北通州等地开展了示范,依据草地类型、生产季节、饲养对象管理要求等,实现单元化、标准化管理,同

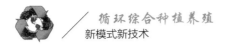
时充分利用了南方丰富的草地资源，保证了良好的经济效益和生态效益。移动羊舍及附属设施集成图展示，见图2-4。

贵州移动羊舍展开效果图　　　　安徽肥东移动羊舍关闭效果图

图2-4　移动羊舍及附属设施集成图展示

### 3.饲喂设备

1）食槽

（1）架子食槽：架子食槽可由高强度聚丙烯环保塑胶、PVC管、铁皮等材料建造，有可搬动式和滚动式，主体结构由食槽和放置架两部分构成，长度一般为1 m，深度一般为15 cm，宽为30 cm，U形设计，内部光滑，四角也用圆弧角，方便清理，可随意挪动和更换。移动式架子食槽由框架和食槽组成，框架安装在食槽两侧，框架下方有四个万向轮，框架之间通过连接杆连接，框架内安装有横杆，横杆上等间距地安装有颈夹，且宽度为18 cm，高度为25~30 cm。结构简单，设计合理，食槽底部设有导流口，在对食槽进行清洗时，废水从导流口流出，而且食槽可拆卸地安装在框架上，拆卸方便。

（2）草料架：有专供喂粗料用的草料架，有专供喂精料的草料架，有喂精料和粗料联用的草料架。通常草料架放置在运动场、放牧草地等。其中精料–粗料一体架，见图2-5，可以同时饲喂精料和粗料。

图2-5 精料-粗料一体架

2）自动饲喂系统

羊用自动饲喂系统，由畜舍、料仓、送料运输机、供料机、围栏和饲喂通道等部分组成。其结构示意图，见图2-6。

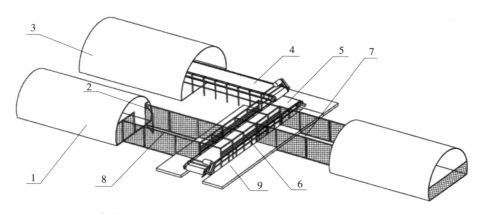

1.畜舍 2.大门 3.料仓 4.送料运输机 5.供料机 6.围栏
7、8.饲喂通道 9.饲喂走道升降装置

图2-6 羊用自动饲喂系统的结构示意图

使用时，饲料经饲料搅拌机搅拌均匀后，通过控制器开启卸料口、送料运输机和供料机，饲料通过送料运输机输送到供料机，待饲料输送到供料机末端时，关闭控制器，饲料传送完成。接着，打开畜舍的大门，羊只

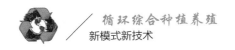

通过饲喂通道到达饲喂走道,根据羊只采食高度调整围栏高度,使羊将头伸入围栏中,自由采食输送皮带上的饲料。

羊用自动饲喂系统有以下特点:

(1)畜舍、供料机及饲喂通道:畜舍位于供料机两侧,并通过饲喂通道连接供料机,可有效地实现饲养与畜舍的分离,不妨碍动物防疫程序,有利于动物健康养殖。

(2)该系统组装方便,操作简单,维护成本低,能耗小,自动化程度高,对饲养人员要求低,能够节约人力,降低投入成本。

(3)顶棚:顶棚安装于送料运输机和供料机的上方,可以防止饲料在传送过程受到外界污染,也可以防止雨水淋湿饲料和输送机架,避免输送机架因腐蚀生锈导致使用年限降低;顶棚的高低可以根据生产要求进行调整,同时也可以为动物遮阳避雨,构成一个相对舒适的采食环境。

(4)供料机的长度可以根据生产单元饲喂动物数量及畜舍个数进行调节,进行组装调整,供料机由若干个皮带输送机拼接而成,从而达到灵活调整输送机架长度的目的,用于满足不同生产的需求。

(5)围栏:围栏包括上围栏和下围栏,下围栏的个数和高度可根据动物采食高度进行调整,以防止动物前肢伸入输送皮带而污染饲料。

(6)送料运输机和供料机上方安装有消毒喷头,可以对运输皮带进行清洗和消毒。

(7)不仅在实现羊饲养环境与羊居住环境分离的前提下,有效地解决了饲料路径转折时饲料易集聚的问题,而且还实现了运输面为同一平面前提下的饲料高效运输功能。

羊用自动饲喂系统已在安徽定远县开展了示范,依据草地类型、生产季节、饲养对象管理要求等,实现单元化、标准化管理,同时充分利用了南方丰富的草地资源,保证了良好的经济效益和生态效益。安徽定远县肉羊实验示范基地,见图2-7。

图2-7　安徽定远县肉羊实验示范基地

3)舔砖固定设备

舔砖固定设备包括舔砖固定架、舔砖拖盘等。羊舍内或外部放置的舔砖要避免淋雨。

固定饮水槽:一般固定在羊舍或运动场上,可用高强度聚丙烯环保塑胶、镀锌铁皮、水泥和砖等制成,类似于食槽。上方可安装自来水管,以提供充足的清洁饮水。水槽下方设有排水口,以便排放残余水和污染水。牧区放牧羊群多用固定饮水槽。

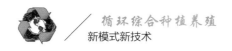

4）羔羊哺乳设备

其主要部分由固定架、储奶罐和饮奶嘴组成,储奶罐为一个球形或方形带盖的敞口容器,其上设置有体积刻度标识,在储奶罐底侧周边均匀设置多个用于安装饮奶嘴带泌乳孔的连接头,包括多个饮奶嘴,饮奶嘴通过其后部的饮奶座与连接头可拆卸连接。简易羔羊哺乳器,见图2-8。

图2-8　简易羔羊哺乳器

5）饮水设备

自动饮水器主要有铜阀饮水碗和自动浮球饮水碗。安装位置以羊最适饮水且不易剐蹭为宜,要定期添加饮水。

4.药浴设备

1）大型药浴池

大型药浴池主要由砖、石、水泥等材料砌成,横剖面为上宽下窄的梯形,其示意图见图2-9。长10~12 m,池顶宽85~100 cm,池底宽30~60 cm,以羊刚好通过且不可转身为准,池深1.0~1.2 m。在入口一端设有羊栏,羊群在此等候入池,并在入口处设陡坡,出口一端则筑成缓坡并筑有密集的台阶,便于羊只攀登,出池时不致滑跌。池底设置排水孔,以便更换浴药及排放废水。

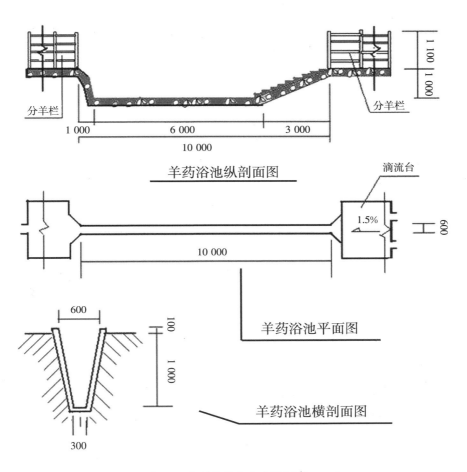

图2-9　大型药浴池示意图(单位:mm)

2)药淋装置

药淋装置是一种喷淋药浴装置，主体结构由圆形淋池和两个羊栏组成。该方法在澳大利亚普遍使用，主要型号有SSD-30型和SSD-60型，每次分别喷淋30只和60只羊，主要以上淋下喷的形式进行药浴，可流动使用。国内曾经推出的设备有9AL-8型药淋装置和9YY-70型药淋装置。目前推广应用的有9LYY-15型移动式羊药淋机、9AL-2型流动式小型药淋机。其中9AL-2型流动式小型药淋机，每15~30 min淋羊200~250只，很受牧区牧

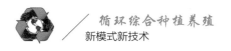
民的欢迎。

3）羊舍小气候环境调控设备

畜舍的通风方式可以分为自然通风和机械通风，机械通风又可分为正压通风、负压通风和零压通风三种方式。

（1）正压风机（图2-10）：正压通风是指让风从室外吹到室内，导致室内的风压大于室外，风从窗口或门洞口排出，实现通风，分为侧壁通风和屋顶通风。

（2）负压风机（图2-11）：负压风机是通风扇的最新类型，属于轴流风扇，因为主要应用于负压式通风降温工程，又称为负压风扇。负压式通风降温工程包含通风和降温两个方面的含义，通风和降温问题同时解决。

图2-10　正压风机

图2-11　负压风机

## （五）标准化生产的效益

### 1.经济效益

农区草牧业"草-羊-土"平衡的标准化生产体系建成后，1个标准化生产单元可动态存栏优质肉羊2 000~3 000只，年出栏优质肉羊5 000~10 000只，纯利润50万~150万元；通过"划区轮牧"和"多功能油菜+甜高梁"等轮作的生产策略,实现每亩地载羊量10~15只,降低饲养成本,每年每亩地产值平均在5 000元;通过良种扩繁推广,新品系的培育,使得本地区育肥羊日增重达150 g/d;自动化、智能化设施设备研发,使得肉羊养殖生产效率提高10%;利用人工混播草地,采用放牧加补饲的饲养方式,使秸秆和农副产品等废弃物的资源化利用率达60%;通过"过腹还田"的生产模式,种草养羊、羊粪肥田,改善土壤环境,使得土壤有机质水平提高至少20个百分点,土壤改良面积在2 000~3 000亩,同时实现畜禽粪污废弃物资源化利用率在80%以上。试验实施后,最终形成种养结合、循环利用、单元化管理、高效益、无污染、节水减药和可持续的绿色发展创新模式,并进行复制、推广。

### 2.生态效益

发展草牧业是调整农业结构、保护生态环境最有效的措施,是解决秸秆焚烧、高效利用农副产品的重要举措,有效提高岗坡地及低产农田利用效率。农区草牧业标准化生产体系以肉羊养殖为基础,遵循建立草牧业系统的科学要求,客观把握种草养畜的双重性、长期性、多样性和群众性等特点,种养结合、因地制宜、科学载畜、划区轮牧。发展循环经济,促进能源消费结构调整,转变经济增长方式,建立节约型社会,从根本上缓解饲料、肥料、燃料和工业原料紧张状况,改善土壤、周边水系和大气环境的质量,实现农业生产与环境保护的协调可持续发展。

### 3.社会效益

可在当地增加就业岗位,有效解决一些由于年龄等原因不能到外地务工人员的就业问题,从而使这些老百姓致富;同时,草牧业是种、养、加、销结合的现代农业模式,有效带动服务业及相关产业的发展,从而使地方百姓获益。

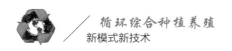
## ▶ 第三节 草羊果蔬模式

### 一 草羊果蔬模式概述

近年来,随着人类生活水平的不断提高,对畜产品质量问题的关注热度逐渐上升。其影响畜产品质量的主要因素之一是优质饲草的供给,但随着经济的快速发展和城市化进程的加快,我国耕地面积日益减少,人均耕地面积远低于世界平均水平,耕地面积与日益增长的物质需求的矛盾不断加深,因此对于土地面积的合理利用以及开发新的发展模式这一需求日益强烈。

草羊果蔬生态种养循环模式是以养羊业为纽带,将草业、果业和蔬菜业有机结合起来的现代循环农业模式,见图2-12。模式的构建与发展可有效利用水土资源,实现立体种植养殖融合发展和资源循环利用,符合生态果园建设、绿色果品和畜禽产品安全生产的迫切要求。在果园间套作蔬菜和牧草,发展畜牧业,实行草羊果蔬综合种养,可以在原有耕地范围内改善广种薄收的耕作制度,提高畜牧业在农业生产中的比重,促进农业生产良性循环,解决农区发展牧业缺草的矛盾,又可充分利用土地等自然资源,降低林地的管理成本,还可使单一的林木生态系统过渡到草—羊—果—蔬多元结构的复合生态系统,发展生态种养循环模式。所谓生态种养循环模式,是指按照生态学和生态经济学原理应用系统工程方法,因地制宜地规划、设计、组织、调整和管理畜禽生产,以保持和改善生态环境质量,维持生态平衡,保持畜禽养殖业协调、可持续发展的生产形式。

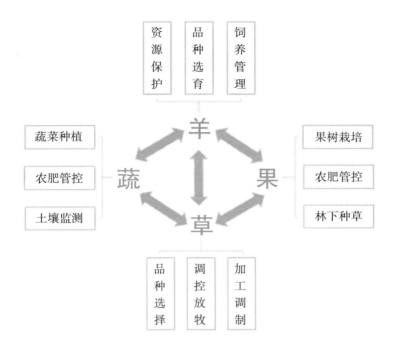

图2-12　草羊果蔬生态种养循环模式

## 二 牧草品种及种植技术

### 1.紫云英

紫云英又称红花草,是豆科黄芪属越年生草本植物。喜温暖湿润气候,种子发芽适温为15~25℃,低于5℃或高于30℃难以发芽。种子发芽最适宜的土壤水分为田间持水量的80%~90%。在日平均温度8~20℃范围内,生长发育速度随温度的升高而加快,3℃以下幼苗地上部分生长基本停止,低于-16℃时也能越冬。紫云英主要与水稻轮作,也有与旱田作物间、套种的,其种植茬口主要有晚稻,在割稻前撒种到稻田里,水稻收割后,紫云英生长,翌年春压翻,或中稻收割后犁田复种紫云英。此外,还有油菜田或麦田间种紫云英,棉田秋季套种紫云英等。

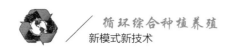
1）栽培技术要点

播前先用黄泥水（能浮鸡蛋）选种，再用清水洗净，待种子晾干后再用碾米机碾2遍或用石碾碾擦，破坏种皮以利于吸水。用磷肥、钾肥或钼肥拌种，可提高匀播效果。紫云英在适期范围内争取早播，能获得较高的鲜草和种子产量。播种时间以水稻齐穗至勾头时播种为宜（收获前25~35 d）。发芽率在80%以上的种子，每公顷播种量为30~45 kg。播种方式以撒播为主，对于低产田和易滋生杂草的田块，可采用密丛穴播或窄行条播。

2）田间管理

（1）水分管理：稻田种紫云英，播种后马上灌水，保持浅水层1~2 d。种子发芽后田面切忌渍水，以防浮根倒芽，如田面过干，可灌"跑马水"。在越冬至翌春压青期间，要求通过排灌保持土壤湿润不渍水。

（2）施肥：紫云英有根瘤共生固氮，能供给大部分氮素养分，只是在土壤过瘠的情况下，幼苗期根瘤开始固氮以前，可施用少量氮素。也可在播前施用有机肥或用磷、钾肥拌种。蕾期是紫云英需补充养分较多的时期。现蕾前适量追施少量氮肥、土杂肥或磷肥，对提高鲜草和种子产量有良好作用。此外，在花蕾期喷施0.5%过磷酸钙、0.1%硼酸或0.01%钼酸铵不仅能促进植株生长，提高鲜草产量，且具有保花保荚作用，对提高种子产量效果显著。

（3）病虫害防治：危害紫云英的害虫主要有蚜虫、蓟马、斜纹夜蛾等，病害主要有斑点病、白粉病、菌核病等。可选用低毒高效无残留的农药及时防治。

3）收获

紫云英应在鲜草量较大和营养价值较高的初花期至盛花期间收割，割其中上部晾晒1~2 d，使含水量下降到75%~80%，切成3~4 cm的段，添加

3%~10%的米糠拌匀,并制作成青贮。

### 2.苜蓿

苜蓿属多年生豆科牧草,已有2 000多年的栽培历史,以"牧草之王"著称。苜蓿喜温暖半干燥气候,耐寒性较强,种子5~6℃可发芽,12~20℃萌发快,幼苗能耐受–7℃的低温,生长最适宜温度为15~21℃。苜蓿根系特别强大,抗旱能力很强,抗涝能力差,连续水淹24~48 h即大量死亡。

1)栽培技术要点

苜蓿因幼苗较弱,早期生长缓慢,所以整地时要做到深耕细耙,上松下实,以利出苗。整地后应先镇压以利保墒。并施入适量有机肥作底肥以利于根瘤形成。苜蓿一年四季均可播种,以春播或夏播为佳。春播苜蓿根部发育健全,有利于安全越冬,当年还可收割1~2次。纯净而发芽率高的种子每公顷需种22.5~37.5 kg,其播种方法以净种为宜,条播为佳,行距以20~30 cm为好。播种深度湿润土壤为1.5~2.0 cm,干旱时为2~3 cm,播后应进行镇压以利出苗。播种前晒种2~3 d或短期高温处理(50~60℃,15~60 min),可提高发芽率。

2)田间管理

苜蓿苗期生长缓慢,要防杂草危害。干旱季节和刈割后浇水对提高产量效果非常明显,冬灌能提高地温,有利于苜蓿越冬。排出积水可使土壤通气状况改善,微生物活动增强,土壤温度提高,冻害减轻。返青前或刈割后必须追肥。若发生病虫害,可根据具体情况选用敌百虫、波尔多液、多菌灵等进行防治。

3)收获

苜蓿最适宜的收获期是第1朵花蕾出现至10朵花蕾开花,根茎上又长出大量新芽阶段。此时苜蓿营养物质丰富,产量高,根部养分已积蓄到一个相当高的水平,并且再生良好。收割时期还应根据具体情况而定,青饲

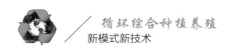

的宜早,晒制干草的可在10%植株开花时刈割作猪禽饲料,作牛羊饲料可较早收割。最后一次收割应在霜前30 d左右进行,以便在上冻前使植株恢复到一定高度,苜蓿留茬高度一般以4~5 cm为宜。

### 3.三叶草

三叶草又叫车轴草,豆科三叶草属一年生或多年生草本植物,有300多种,遍及全世界,目前我国栽培较多的为红三叶、白三叶和杂三叶。三叶草喜温暖湿润气候,不耐干旱。抗寒性和抗热性以红三叶为最差,夏季温度超过35℃,红三叶生长就受抑制,冬季可耐−8℃低温。若低于−15℃,则难越冬。在年降水量1 000~2 000 mm地区生长良好。杂三叶耐湿性特强,亦可耐一定时期水淹。红三叶喜中性和微酸性土壤,适宜pH6~7,以排水良好、肥沃的黏壤土生长最佳。白三叶耐酸性土壤,适宜pH5.6~7,低至4.5亦能生长,不耐盐碱,耐践踏,再生力强。杂三叶稍耐酸性和碱性土壤。

1)栽培技术要点

三叶草种子细小,要求精细整地,清除杂草。施磷、钾肥作底肥。南方以秋播为佳(9月),播种密度为7.5 kg/hm²。种子田播种量酌减。播后覆土1~2 cm。条播或撒播,条播行距为20~30 cm。新种地可接种根瘤菌,以提高产量。苗期生长慢,应注意防除杂草。三叶草宜与多年生黑麦草、鸭茅、牛尾草、猫尾草等混播,以提高产量和混合饲草的品质。

2)收获

三叶草产量高,再生性强,南方一年可刈割4~5次,每公顷产青饲草30~75 t。三叶草花期长,种子成熟不整齐,易脱落,杂三叶大部分花序变为棕色或褐色时即可收获。三叶草草质柔嫩,营养丰富,可青饲,亦可晒制干草或放牧。

### 4.多年生黑麦草

多年生黑麦草又称黑麦草,属多年生草本植物。原产于西南欧、北非和亚洲西南。在我国南方各省区都有种植,长江以南的山区及云贵高原等地大面积栽培。黑麦草喜湿润气候,宜在夏季凉爽、冬季不太冷的地区栽培,27℃以下为最适温度,土温在20℃时地上部分生长最盛。耐寒耐热性差,35℃以上则生长受阻,分蘖枯萎,−15℃以下低温生长也困难,东北地区不能越冬或越冬不稳定,南方高温地区不能越夏,往往枯死。遮阳对生长不利。

1)栽培技术要点

黑麦草种子轻小,破土出苗能力较弱,播前需精细整地,保墒施肥。一般每公顷施农家肥22.5 t,磷肥300 kg作底肥。在长江中下游地区,以9—10月秋播为好,一般地方春播均可。条播行距15~30 cm,播种深度为1~2 cm,播种密度为15~22.5 kg/hm²。在播种前,种子用草木灰或火土灰拌匀后,均匀播在沟内,盖上一层薄土。人工草地可撒播,最适宜与白三叶或红三叶混播,建植优质高产的人工草地,其播种密度为多年生黑麦草10.5~15 kg/hm²,白三叶3~5.25 kg/hm²,或红三叶5.25~7.5 kg/hm²。

2)田间管理

草种出苗后,及时补缺,以保证全苗。并根据幼苗的生长情况,追施速效肥料。收割前21 d每公顷施氮肥75~150 kg,每次刈割后也应及时除草,追施速效氮肥。生长期间适时灌溉,可显著提高生长速度,分蘖多,茎叶繁茂,可抑制杂草生长,显著提高产量。危害黑麦草生长的主要是赤霉病和锈病。发病时可喷施石灰硫黄合剂,也可提前刈割,防止病害蔓延。

3)收获

黑麦草做青饲用时可在抽穗前或抽穗期刈割,每年可刈割3次,留茬5~10 cm,草场保持鲜绿,一般每公顷产鲜草为45~60 t。若用作干草,最适

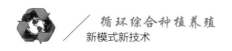
宜刈割期为抽穗成熟期。延迟刈割,养分及适口性变差。放牧利用可在草层高25~30 cm时进行。作为留种用的黑麦草只宜割1~2次,黑麦草成熟期参差不一,采种时种子极易脱落,应在茎叶变黄、穗子呈黄绿色,种子进入蜡熟期或七八成熟时收获。

### 5.苏丹草

苏丹草是禾本科高粱属一年生草本植物,原产于非洲北部苏丹(高原)地区,是目前世界各国栽培最普遍的一种一年生禾本科饲草。苏丹草在我国从北到南均有种植,栽培地域极其广泛。素有"渔业青饲草料之王"的美称。苏丹草为喜温作物,不抗寒,怕霜冻,最适合在夏季炎热、雨量中等的地区生长。种子发芽适温为20~30℃,最低温度为8~10℃。

1)栽培技术要点

苏丹草根系发达,生长期间需要从土壤中摄取大量的营养元素,因此播种前应深耕整地,施足有机肥料,一般施用22.5 t/hm²有机肥作底肥。苏丹草的播种期无严格限制,当温度在10~12℃即可播种,播种深度在5~10 cm。播前精选种子,并进行播前晒种和药物拌种,提高萌发率,防止病虫害。留种田应采取宽幅条播,行距为60 cm,每公顷播种量7.5~15 kg。苏丹草还可与豆科牧草混播,以提高草的品质和产量。

2)田间管理

苏丹草需肥量大,除播前施足有机肥外,在分蘖期、拔节期以及每次刈割后,应及时除草、灌溉并追施氮肥150 kg/hm²,苗期注意中耕除草,干旱时适当灌溉。用作留种:苏丹草分蘖期长,开花和种子成熟很不一致。当多数种子成熟时即可收获,收后经过一段时间的成熟后脱粒。苏丹草消耗地力较重,不宜连作,饲料轮作中最好是与多年生豆科牧草轮作或混播牧草,收获后应休种或种植一年生豆科牧草。

3）收获

当多数种子成熟即可收获,苏丹草营养价值丰富,可调制干草、青饲、青贮或直接放牧。抽穗期刈割营养价值较高(蛋白质含量占干重的15.2%),茎叶比较柔嫩(粗纤维含量占干重的25.9%),适口性好,适于青饲,也可调制优质干草,草食家畜均喜采食,同时也是草食性鱼类的优质饲料。

### 6.毛苕子

毛苕子是豆科野豌豆属一年或越年生草本。毛苕子根瘤多,固氮能力强。茎细叶多,质地柔软,营养丰富,是家畜的优良饲草。生长季可刈割2~3次,鲜草产量1 700~2 700 kg/亩,折合干草300~500 kg/亩。可与多花黑麦草、燕麦、大麦等混播。作绿肥翻压入土后腐烂分解快,可明显增加土壤中全氮、有效磷和有效钾的含量,并使后作增产。

1）栽培技术要点

播前整地,耕深20 cm左右,结合整地施腐熟有机肥2 000~3 000 kg/亩作基肥,翻后及时耙地和镇压。喜沙质、壤质中性土壤,不适宜在低凹、潮湿或积水地种植。春、秋两季均可播种。种子硬实率高,播种前宜擦破种皮或用温水浸泡24 h。收草地每亩播种量为3~4 kg,条播行距为20~30 cm;种子田每亩播种量为1.5~2 kg,条播行距为40~50 cm。播种深度一般为2~4 cm。播后镇压。

2）田间管理

灌区要重视分枝期和结荚期灌水,灌水量根据土壤含水量确定,每次每亩灌水量为20~30 m³。多雨季节要进行挖沟排水。刈割后要等到侧芽长出后再灌水,以防根茬因水淹死亡。对磷、钾肥敏感,在生长期间可追施草木灰33~40 kg/亩。

3）收获

刈割青饲,也可放牧。在与多花黑麦草或燕麦等混播草地上放牧奶

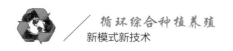
牛,可显著提高产奶量。混播草地初花期刈割后,可调制青干草,也可青贮。用于调制干草或草粉时,宜在盛花期刈割。如要利用再生草,须在分枝到孕蕾期刈割,留茬高度为10 cm。花期30~45 d,也是良好的蜜源植物。

### 7.鸭茅

鸭茅为多年生禾本科牧草,须根系发达,密布于10~30 cm的土层内,少数根入土深度在1 m以上。茎直立丛生,高0.7~1.5 m;基部扁平,光滑;节间中空,单叶互生;基生叶量大;叶片长而软,长20~30(45)cm,宽7~10(12)mm;幼叶展开前沿中脉纵向折叠,成熟叶片横截面略呈V形;叶面及边缘粗糙;叶色蓝绿色至浓绿色。

1)栽培技术要点

鸭茅种子细小,苗期发育缓慢,易受杂草危害,播种前必须精细整地,消灭杂草,施足底肥。整地时结合耕翻施腐熟的有机肥,一般每亩施农家肥1~2 t、尿素5~6 kg、钙镁磷肥40~50 kg、硫酸钾12~15 kg。鸭茅可在秋季或春季播种,低海拔区秋播较好,高海拔区春、夏播更好。秋播不迟于9月中旬,春播在3月下旬。播种量每亩0.75~1 kg。

2)田间管理

幼苗期应加强管理,适当中耕除草,施肥灌溉。鸭茅需肥较多,出苗后可追施尿素5~6 kg/亩,每次收割后追施尿素10~12 kg/亩;开春前在株丛间施有机肥1~3 t/亩。每年施过磷酸钙40~50 kg/亩、硫酸钾12~15 kg/亩。

3)收获

鸭茅以抽穗初期刈割为宜,此时茎叶柔软,质量较好。收割过迟,则纤维增多、品质下降,还会影响再生。此外,刈割留茬不能过低,否则将严重影响再生。抽穗期茎叶干物质中含粗蛋白质12.7%、粗纤维29.5%。适宜放牧、青饲、调制干草或青贮。

### 三 果树品种及种植技术

**1.苹果树**

1）品种选择

根据地区的差异,目前适合我国种植的苹果品种有藤木1号、红夏、皇家嘎拉、美国8号、珊夏日本、弘前富士、凉香、红王将、新乔纳金、夏光、红奥和澳洲青苹等。除以上品种外,目前我国还引进了其他专用于加工苹果汁的品种。目前早中熟品种与高酸苹果汁品种前景较好,而红富士苹果等则宜进一步提高果品质量与出口比率。

2）生产实用技术

苹果生产包括果园建设、整形修剪、肥水管理、果园病虫害防治、收获等。

（1）整形修剪。苹果栽培需要综合配套技术,其中合理留枝是一个很重要的指标。从本地优质生产园看,认为盛果期的果树冬剪后,山地每亩留枝量不宜超8.8万个,平地则不宜超过8万个。诸多事实证明,阳光是最好的杀菌剂,树体通透性好,冠下有一定光影,各种病害均明显较郁闭树轻。对于果树而言,每年夏季需进行3~4次剪修。通过及时抹芽、开角、摘心、疏枝等措施,打开光路。冰浴霜冻来临前和霜后各喷1次自制防霜冻剂（将酵素4号20 g、红糖50 g、豆浆100 mL、尿素10 g、硫酸镁10 g放入20 L水中,水温20~30℃,沿同一方向搅拌15 min后即成）。

（2）肥水管理。首先我们应该了解,并非溶解于水中的肥料都能被植物吸收,植物只吸收被微生物分解的肥料,如施10 kg化肥,氮和钾的吸收率仅为20%~30%,磷为10%~20%。所以,大部分肥料都残留在土壤中,直接导致土壤板结、空气少、微生物无法生存,进而形成恶性循环。因此,针对生产上存在的化肥用量过大、直接施用未腐熟的有机肥等问题,可采用以下三项措施:一是提高有机肥施用量。在施用有机肥前,宜采用先进的

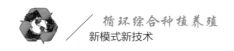
腐熟方法,以使作物能够尽早利用。二是改进施肥方法与用量。果树进入盛果期后,生产上普遍采用撒施后翻入。三是均衡施肥。针对碱性土壤,在开始改土的前1~3年,宜采用的施肥方案为有机肥+复合肥+镁+硼+麦饭石。

3）果园病虫害防治

应遵循以人工、物理、农业防治为基础,以诱芯、杀虫灯、黏虫胶、天敌等防治为核心,以低毒高效性药剂防治为应急的原则,以防为主,防治结合。

4）收获

一般是在苹果采收前的15 d到20 d内才进行摘袋,摘袋的时候最好选择在多云天气进行。采摘时用手掌将果实向上一托,果实即可自然脱落,果实放入采收袋或采收篮。采摘顺序应该从外到内、从下到上依次采摘。当收获树冠顶部的果实时,应使用梯子。

**2.梨树**

1）品种选择

梨的营养价值很高,具有帮助消化、润肺清心、消痰止咳、退热解疮毒等功效。梨树适应性强、寿命长、产量高。目前国内的主要品种有中梨1号、大果水晶梨、圆黄梨、黄冠梨、黄金梨、爱宕梨、红巴梨和红香酥等。

2）生产实用技术

梨树的适应性很广,于山地、丘陵、河滩地均可栽培。在梨树栽种过程中,要根据整体面积,合理划分小区。小区的规模面积因园址和机械化程度的不同而异,一般机械化水平较高(清耕、除草、打药、运输均为机械化)的大型农场,可以3~4 hm²为一作业小区。园区道路主要分主路、干路和支路三种。灌水一般采用垄沟输水、树盘灌溉的形式,可分为主渠和支渠。有条件的园片可采用滴灌、喷灌或EP管等法。梨园地势低洼、土壤黏重、透性不良或于山地建园,需建立排水系统。大型果园还需建立配药池(配制波尔多液、石硫合剂)、水塔、工作间、选果场、包装场、贮藏室、仓库等辅助性建筑。

(1)整形修剪。梨树结果枝组的培养主要有"先截后放"和"先放后截"两种。先截后放一般用于大中型结果枝组的培养。对发育枝进行短截后,使其发分枝,长放促花,并对强壮直立枝辅以摘心、拉枝等技术手段,待成花结果、生长势缓和后再进行回缩,以培养成永久性结果枝组。先放后截适用于各类枝组的培养。将有扩展空间的发育枝进行长放,待其结果后,再回缩,一般常用于幼旺树的枝组培养。

(2)花果管理。晚霜的危害以北方梨区为主,因为梨树的花期多在终霜期以前,梨树的耐寒能力因品种差异而不尽相同。而从花的各部分器官看,以雌蕊最不耐寒,所以如花期遇晚霜,首先受害的是果实的来源——雌蕊。将直接影响产量,霜冻严重时,会因雌蕊、雄蕊和花托全部枯死脱落而造成绝收。即使在幼果形成后出现霜冻,亦会造成果实畸形,影响外观品质和商品价值。现梨园常用的防霜措施有如下几种:①提高抵御能力,加强综合管理,减少病虫危害,增强树势,防止徒长,使枝梢发育充实;并秋施基肥,提高树体贮藏营养水平,以增强自身的抵抗能力。②延迟花期,避开晚霜危害。③人为预防,最常用的方法是熏烟法。熏烟材料以刨花、锯末和落叶、作物秸秆为主,但对环境不利,在不确定有霜冻的情况下,应慎重使用。

(3)授粉技术。常见的授粉技术有人工点授、掸授法、喷雾法。人工点授是用毛笔、纸棒或铅笔的橡皮头等蘸取花粉后,直接点于选定花朵的柱头上,一般每个花序授1~2朵花即可。掸授法是在木棍或竹竿的上端绑上一个"羊肚儿"毛巾,于盛花期在主栽品种和授粉品种之间交替滚动即可。喷雾法,用低容量或超低容量喷雾器,对花朵进行喷雾授粉,时期以

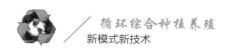
盛花中期最好。花粉液的配制方法为20 g花粉加水10 kg。为促进花粉管伸长、提高坐果率,可加入10~15 g硼砂,亦可于喷雾时加入少许糖。

(4)疏花疏果。当果花比例达全树总枝量的50%以上时,即须进行疏花。时期在花蕾期,当花蕾分离,并与果台枝分开时最为适宜,过早易将果台枝一并疏除或伤及果台枝,以致影响翌年产量。过晚花朵完全开放,会降低工作效率。一般将整个花序的全部花朵掐掉,以利果台枝的生长和花芽分化。疏花的程度因品种、树势、量等而异。花序的数量和距离与本品种所要求的留果标准相同即可。此项工作除疏去过密花序外,还应将被病虫危害的花序及发育不健全的花序一并疏除。

疏果适宜留果量的确定方法有很多,如叶果比法、枝果比法、干周法、截面积法等。但最易于被果农接受和掌握的是以幼果间距离确定留果的方法,一般以大型果25~30 cm、小型果25~20 cm为宜。疏果的开始时间为盛花后4周,为保证果品质量应多保留低序位幼果,疏除对象包括病虫果、畸形果和伤残果。在实际生产中需根据树龄、树势、品种等具体情况灵活掌握。一般要求做到"三稀三稠":老(弱)树稀,幼(壮)树稠;树冠外围稀,内膛稠;树上部稀,下部稠。

3)收获

果实采收是梨园管理的最终目的,做好采收工作是丰产、丰收的必要保障,同时也可为今后的贮藏、营运奠定基础。一般鲜食梨果均用人工采收的方法。采前的准备工作主要包括人员培训和果筐、果篮的准备。采收人员需剪短指甲,以防采摘时造成划伤、掐伤,而影响正常的营运和贮藏;在梨园内由行间运抵选果场应用塑料周转箱。采收的时间:从露水消散后的上午直至傍晚均可进行,但在没有进行套袋的梨园,则需避开中午的高温时间。

采收时,应按"先外后内,先下后上"的原则采收,否则易因人员、工具的碰撞而造成果实伤害。正确的采收方法是以手托住果实,食指捏住果柄,轻轻上抬,使果柄与果台自然分离。对成熟期不一致的品种可分期采收。

### 3.桃树

1)品种选择

桃原产中国,是我国消费者喜爱的水果之一,已有4 000多年的栽培历史。桃不仅外观艳丽、肉质细腻,而且营养丰富。桃树寿命较短,果实不耐贮运,根系忌积水,树体喜光怕阴,叶片对农药敏感,有忌地现象。我国常见的桃树品种有丽春、春雪、极早518、京选3号、瑞光5号、大久保、重阳红、燕红、晚蜜、金秋桃、红岗山和八月脆等。

2)生产实用技术

(1)栽植技术。苗木选1.5 m以上侧根3~4条,无根癌病和根结线虫病,干径0.8 cm以上,苗高0.8 m上,整形带芽饱满,无介壳虫等病虫害的优质壮苗。栽植时期以春季土壤解冻后到桃树萌芽前为宜,株行距一般为(3~4)×5 m。定植前最好先进行整地施肥,如挖80 cm见方穴,将表土与农家肥等混匀回填,浇水沉实。栽植时使嫁接口朝迎风方向。

(2)土、肥、水管理。每年秋季结合施基肥,扩穴深翻改土。既可在定植穴外,隔年在行间或株间轮换挖平行沟或半环状沟施肥改土,也可全园深翻,在3年内,将栽植穴外土壤深翻扩通。基肥在秋季果实采后施入,以农家肥为主,混加少量化肥。施肥量按1 kg桃施1.5~2.0 kg优质农家肥计算。追肥全年可追3~4次,可在花期、结果期、采后补肥,肥料种类和用量因结果多少、树龄大小、树势强弱和树冠覆盖率而异。水分管理要求灌溉水无污染,萌芽前、果实迅速膨大期、干旱期,以及封冻前,及时灌水。

(3)整形修剪。幼树期生长旺盛,应重视夏季修剪。主要以整形为主,尽快扩大树冠,培养牢固的骨架;对骨干枝、延长枝适度短截,对非骨干

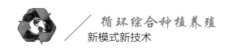
枝轻剪长放,提早结果,逐渐培养各类结果枝组。盛果期修剪的主要任务是前期保持树势平衡,培养各种类型的结果枝组。中后期是回缩更新,培养新的枝组,防止早衰和结果部位外移的时期。桃树以长、中、短果枝结果最好。修剪时应做到中、小枝的对生或排列间距在15 cm左右,中、小型结果组间距30~50 cm,剪后的小枝排列应保持多而不乱、杂而有序的状态。结果枝组要不断更新,并重视夏季修剪。

(4)花果管理。疏花在大蕾期进行,疏果从落花后两周到硬核期前进行。先疏除畸形果、虫果、病果。小果型品种可适当增加留果量。一般长果枝留3~4个,中果枝留2~3个,短果枝、花状结果枝留1个或不留,全树不超过230个果(亩栽50株左右),每亩产量在2 200~2 500 kg。定果后及时套袋。一般套袋前最少要喷2次杀菌剂、杀虫剂和1次杀螨剂。套袋顺序为先早熟后晚熟,同一株树先内后外、先上后下,谨防将叶片套入袋内。坐果率低的品种可晚套,以减少空袋率。解袋一般在果实成熟前10~20 d进行,不易着色的品种和光照不良的地区可适当提前解袋,解袋前,单层袋先将底部打开,逐渐将袋去除。双层袋应分两次解完,先解外层,后解内层。果实成熟期雨水集中的地区、裂果严重的品种也可不解袋。

(5)病虫害防治。桃树的主要病害有桃褐腐病、炭疽病、桃缩叶病、疮痂病、穿孔病、桃流胶病等;桃树的主要虫害有桃小食心虫、桃蚜、桑白介壳虫、桃潜叶蛾、桃红颈天牛等。针对虫害常用的人工防治方法有人工捕捉、翻树盘、剪除病虫枝,以及覆地膜,常用的物理防治方法有糖醋液、黑光灯、黏虫胶、诱芯及树干缠草把诱捕法。根据防治对象的生物学特性和危害特点,提倡使用生物源、植物源等农药。

3)收获

应根据果实的成熟度和运输销售的远近确定适宜采收期。以果实有60%~70%的泛白为采收标准。

## 四 蔬菜品种及种植技术

### 1.日光温室秋冬西芹－西瓜－水稻高效栽培模式

日光温室秋冬西芹-西瓜-水稻高效栽培模式不仅避免了西瓜的连作障碍,而且解决了设施蔬菜常年覆膜造成的土壤盐渍化问题,防病增收效果明显。秋冬西芹8月中下旬育苗,10月中下旬定植,翌年1月上旬至2月上旬采收。西瓜1月中旬育苗,2月中下旬定植,5月上中旬采收。水稻5月下旬移栽,10月上旬收获。

1）栽培技术

（1）秋冬西芹栽培技术。芹菜应选择耐寒性强、品质好、产量高的品种,主要有西芹品种文图拉系列,如皇后、皇妃、马塞等。西芹于8月上旬选择小高畦育苗。育苗期正值夏季高温季节,因此需要精细管理。

播种床采用防雨棚(一网膜覆盖),以防止暴雨冲刷。播种后第5天开始。每天早晚用喷壶各浇水1次,保持床土湿润,直至出苗为止。出苗前,苗床上要全天覆盖遮阳网,遇暴雨及时覆盖防雨膜。齐苗后,浇水改为每3~4 d 1次,保持苗床湿润即可。遮阳网每天上午8时至下午5时覆盖,早晚揭开。要盖晴不盖阴、盖昼不盖夜,大雨时覆盖防雨膜。定植前7 d左右控制浇水,炼苗壮根,以利于定植后的缓苗活棵。

定植前苗床要灌透水,使根土密接,移栽后易于成活。选晴天下午或阴天定植,密度为10 cm×10 cm,栽苗的深度以不埋心叶为宜。西芹定植后由于气温较高,先不封棚,前后棚膜都掀开。10月下旬至11月上旬再扣棚,扣棚初期温度仍较高,因此,要注意通风、降温、排湿,前期管理以温度控制为重点,维持棚温白天15~25℃,夜间不低于10℃。平均气温降到5℃左右时,可将棚扣严,只在中午时稍通风;夜间要加盖草帘,每天早揭晚盖,重视保温。

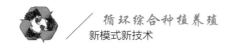

（2）西瓜栽培技术。日光温室早春礼品西瓜应选择早熟、抗病、高产、优质、耐低温及弱光、耐贮运的优良品种。适宜栽培的花皮红肉类品种有日本早春红玉和农友秀玲，花皮黄肉类品种有农友新金兰，黄皮红肉类品种有农友金美人，黑皮红肉类品种有农友黑美人，等等。

种子要经过晒种、浸种、消毒、催芽后才能播种。为保证幼苗生长整齐，一般将发芽的种子播种到育苗盘（箱）内，出苗前棚温白天保持28~32℃，夜间20~22℃。出苗后，子叶半展至平展时，将幼苗移植于8 cm×8 cm的塑料育苗钵中，每钵1苗。分苗后，白天苗床温度保持在25~30℃，夜间18~20℃；返苗后白天保持22~26℃，夜间15~17℃。苗龄35 d左右，三叶一心移栽。定植前5~7 d降温炼苗，并在移栽前1 d浇透育苗钵。

西瓜采用双蔓整枝栽培，即保留主蔓和1条侧蔓。定植后5~7 d在膜下浇返苗水，当主蔓长到6~8片展开叶时施伸蔓肥，一般每亩施尿素10 kg，用水化开后随水冲施。坐瓜后5~7 d，幼瓜长到0.3~0.4 kg时施膨瓜肥，每亩施尿素15 kg，磷酸二氢钾5~6 kg肥料，用水化开后冲施，以后每隔1周浇水1次，收获前7 d停止浇水，以免影响果实的商品质量。

日光温室早春西瓜，从定植到预留雌花开放一般需40 d左右，从开花到成熟35 d左右，即5月上中旬采收，单瓜重一般为1.5~3 kg。采收宜在清晨或傍晚进行，用剪子将果柄连同一小段瓜蔓一同剪下，轻拿轻放，贮放于阴凉处，然后加贴标签，套上网袋，装箱出售。

（3）水稻栽培技术。根据当地生态条件、生产条件、经济条件、栽培水平和病虫害发生危害等情况，选用经过审定，经过试验、示范确认适宜当地种植，抗病虫能力强、抗倒、分蘖强、成穗率高、穗大、结实率高的优质、高产品种。常用的品种有徐稻3号、镇稻88、连粳6号、Ⅱ优86等。

选择地势平坦、背风向阳、土层深厚肥沃的熟旱地或菜园地作为旱育秧苗床地。提早精细整地，做到土壤细碎无大土块，按1.5~1.6 m宽做畦，沟深30 cm、畦高10~15 cm。按每亩苗床施入充分腐熟的优质农家肥1 500~2 000 kg、普钙50 kg、钾肥15~20 kg,作为基肥。

浸种前将种子摊晒1~2 d,再用3%多菌灵药液浸泡12 h,清水淘洗,直到水变清时开始浸种。一般要浸泡3 d,每天用清水淘洗3~4次。3 d后将种子淘洗干净,再用50~60 ℃水将种子预热,用湿麻袋把种子包好,再用稻草等保温,温度保持在15~30 ℃,24 h即可催出稻芽,摊开种子。在自然条件下炼芽1 d后即可播种。播种期应根据当地气候条件,当气温稳定在10 ℃以上即可播种,播种期一般安排在4月下旬至5月上旬为宜。播种时稻种做到稀密均匀,每亩苗床播种10~12 kg为宜。播种后搭棚盖膜,保温保湿,防止低温引发烂芽烂秧,减少生产损失。

2)效益

日光温室秋冬西芹–西瓜–水稻高效栽培模式:秋冬西芹一般每亩产量6 000 kg左右,产值约1.2万元;西瓜每亩产量4 000 kg左右,产值约2万元;水稻每亩产量650 kg左右,产值约1 300元。该栽培模式合计每亩年产值3.3万元。

**2.大棚早春番茄–秋延后番茄高效栽培模式**

大棚早春番茄–秋延后番茄高效栽培模式主要应用于江苏省徐州市沛县等地,其栽培技术如下。

1)栽培技术

(1)大棚早春番茄栽培技术。早春番茄应选择优质、高产、抗病、耐低温、果实性状好、耐贮运的品种,如凯德6810、丽佳2号等。

11月中旬温室育苗:出苗前棚温保持白天25~28℃,夜间16~18℃;出苗后保持白天20~25℃,夜间15~16℃;分苗前适当降温炼苗,两叶一心期分苗假植于8 cm×8 cm的育苗钵中,分苗后1周,棚温白天保持25~28℃、夜间15~18℃;缓苗后白天保持20~25℃,夜间15℃左右;定植前1周低温炼

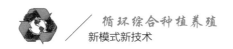
苗。1月底至2月初扣棚升温,定植前5~7 d,大棚夜间覆盖草帘或保温被,2月中旬每亩定植2 200株,定植时浇足水,以利返苗。定植至缓苗前白天棚内温度25~30℃,夜间15~18℃。缓苗后夜间温度控制在15℃左右,开花结果期白天棚内温度20~25℃,夜间12~15℃。当番茄植株长到30 cm时,要及时设立支架或吊蔓。采用单干整枝,侧枝应陆续摘除,4~5穗果时摘心,果穗上部保留2片叶。

（2）秋延后番茄栽培技术。秋延后番茄应选择优质、高产、抗病、耐高温、抗病毒、果实性状好、耐贮运、不开裂的品种,如金鹏、秋圣等。

6月底至7月初在日光温室内育苗或在塑料拱棚内,采用膜网双层覆盖,晴天覆盖遮阳网。出苗后,晴天白天上午10时至下午4时覆盖遮阳网,其余时间揭掉,下雨时覆盖薄膜防雨。两叶一心期分苗架植于8 cm×10 cm的育苗钵中,分苗后中午覆盖遮阳网。秋延后番茄采用"人"字形架单干整枝技术或吊蔓栽培,留4穗果打顶,开花时用10~50 mg/L防落素液浸花或抹花柄及花托,坐果后每穗保留3~4个果形好的幼果。由于夏秋光照强、温度高,番茄生长发育较快,定植后50~60 d第1穗果即可采收上市,11月中旬采收结束。

2）效益

早春番茄一般每亩产量约7 500 kg,产值1.5万元左右,生产成本约0.7万元,纯收益0.8万元左右;秋延后番茄每亩产量约6 000 kg,产值1.2万元左右,生产成本约0.6万元,纯收益0.6万元左右。该模式每亩年纯收益1.4万元左右。

### 3.大棚草莓-薄皮甜瓜高效栽培模式

大棚草莓-薄皮甜瓜高效栽培模式中的大棚草莓利用双膜促成栽培技术,草莓上市期早、产量高。一般比露地栽培上市早2~3个月,产量提高30%,后茬早熟甜瓜市场销售行情好、价格高。

1）栽培技术

（1）草莓栽培技术。草莓选择口感好、畸形果少、产量高、适应性广的妙香品种。

最好选择3年以上没有种过草莓的田块作为生产田。对于连作地块，要进行连作障碍防除措施。定植前对已消毒的大田施足有机基肥。畦为南北方向（与棚平行方向），每畦面宽60~70 cm，高20~30 cm，畦沟宽度为30 cm。8月底至9月上旬为妙香草莓定植时期。采用双行定植，每畦栽两行，栽于行的两边，株距15 cm。每亩定植7 000~8 000株。定植后立即浇水稳根，定植后约10 d可成活。定植缓苗后，不要追肥浇水，保持土壤湿润即可，以免秧苗生长过旺而延迟花芽分化。草莓促成栽培从定植到开花结果需要较多肥，除要施足基肥外，还要适时补充肥料，但要掌握氮肥适量、增加磷钾肥的原则。扣棚到现花蕾10 d左右喷施一次肥，肥料随滴灌施入。促成栽培一般自11月即有成熟果上市，进入12月以后陆续进入采果盛期，并可一直采摘到翌年5月。

（2）甜瓜栽培技术。选择口感好、畸形果少、产量高、早熟的甜瓜品种绿宝。

最好选择3年以上没有种过甜瓜的田块作为生产田。对于连作地块，要采取连作障碍防除措施。定植前对已消毒的大田施足有机基肥。畦为南北方向（与棚平行方向），畦面宽为60~70 cm，高度为20~30 cm，畦沟宽度为30 cm。甜瓜宜采用基质育苗。育苗时间一般在4月上旬，立小拱棚育苗，苗龄30 d左右。5月中下旬草莓收获后及时定植甜瓜，此时苗龄30 d左右。株距60~70 cm，每穴1~2株苗，每亩保苗1 000株左右。当绿宝瓜长出枝蔓后要进行整枝。留3~4片叶后摘心，这样就长出3~4条子蔓：如这4条子蔓坐瓜，就不用再打顶了；若某条子蔓无瓜或有瓜没坐住，就必须及时把这条子蔓留一个叶掐掉，让再出来的孙蔓坐瓜。

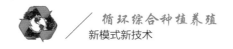
2）效益

大棚草莓利用双膜促成栽培技术,妙香草莓果实采收期比露地早2~3个月,最早在11月下旬可上市,平均单果重55 g,每亩产量在3 500~4 000 kg,比露地产量提高30%,每千克售价10~12元,每亩产值约3.5万元。草莓收获之后,种植早熟甜瓜绿宝,每亩甜瓜产量2 000~2 500 kg,产值约1.4万元。钢架大棚棚室成本每年800元(按10年折旧),每亩生产性成本7 000元。大棚草莓—薄皮甜瓜栽培模式每亩纯收益在4.0万元左右。

### 4.秋延后番茄－早春黄瓜高效栽培模式

秋延后番茄－早春黄瓜高效栽培模式每亩年收益在32 500元左右。

1）栽培技术

(1)秋延后番茄栽培技术。选用抗病毒品种,如安粉、欧官、佳粉2号、佳粉10号等;早春黄瓜选用高产、优质、抗性强,适合当地市场需求的黄瓜品种,如水果黄瓜、密刺黄瓜等。

选择土质疏松、肥力较高、3年内未种过茄科作物的田块。栽培定植前,应精细整地、施足基肥,基肥每亩施农家肥5 000 kg、过磷酸钙50 kg,施肥后整平做畦,提前扣棚,提升地温。定植后扣大棚膜,将边围揭起。

秋延后番茄7月上旬育苗,黄瓜11月中旬育苗。定植前7 d加大通风量,使幼苗适应地温环境,定植前2 d要叶面喷施1次杀虫杀菌剂。番茄定植时正值高温,一般选择阴天、雨天或下午定植,株距25~30 cm,行距60 cm,每亩定植3 000株左右,栽后及时浇水。黄瓜按照株距20~25 cm,行距60 cm,每亩栽3 200株左右。定植后3~5 d,密闭保温,在高温高湿的条件促进缓苗。

番茄定植至扣膜之前,气温较高,随气温下降,逐渐减小通风口,维持白天20~25℃,夜间不低于10℃即可。番茄前期浇水宜多,开花、坐果期和盛果期各浇水1次,追肥在第2果穗坐果后进行,以腐熟人粪尿或化肥为主。进入10月,气温下降,应加强保温。10月中旬夜间气温低于15℃时,关闭通风口,当气温低于10℃时,在大棚四周围上草帘或在棚内加扣小拱棚保温。当气温低于5℃时,应摘下未熟果实贮藏或催红。

秋延后番茄采收越晚,价格越高,要尽量晚采收。熟果随收随上市,未成熟果当棚温降至5℃以下时全部采收,然后贮存在温室内,使其慢慢转红。一般采收前5 d,用百菌清喷洒果实,采收时整穗剪下,然后将其堆放在温室中保存,上盖塑料薄膜。温室贮前应进行消毒,可用硫黄粉熏蒸24 h或用百菌清1 000倍液喷雾消毒。

(2)黄瓜栽培技术。黄瓜定植以后至缓苗期,应保持较高的棚温,一般白天保持30~32℃,夜间18~22℃,遇到低温阴雨天气要加温保暖,增加光照,每天补光4 h,白天进行正常管理。使植株快速缓苗,利于发根生长。植株缓苗生长至开花坐果阶段,温度保持在25~28℃。结瓜后,果实膨大期白天棚内温度28~30℃,昼夜温差13~15℃,加强棚内温湿度调节、注意通风换气,生长前期要以控为主,直到瓜膨大。控温控湿,促进营养生长向生殖生长转变。

2)效益

秋延后番茄–早春黄瓜高效栽培模式,每亩番茄产量约8 000 kg,产值30 000元左右,农资约3 000元,用工约6 000元,收益21 000元左右。黄瓜产量约10 000 kg,产值约20 000元,用工约6 000元,农资约2 500元,收益11 500元左右。该栽培模式,合计每亩年收益在32 500元左右。

**5.大棚辣椒深冬一次性采收–早春西瓜高效栽培模式**

大棚辣椒深冬一次性采收–早春西瓜高效栽培模式,辣椒于7月15日育苗,苗龄30 d,8月15日定植,12月左右收获。翌年1月中旬西瓜育苗,苗龄40 d,3月初定植,5月20日至6月1日头茬瓜收获上市。

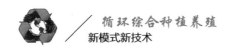
1）栽培技术

（1）辣椒栽培技术。深冬一次集中采收。栽培的辣椒生长前期温度高，易感染病毒病，生长后期严寒易受冻害。应选择对温度适应能力强、高抗病毒病的品种，如湘椒702和本地朝天椒等品种。

将经过浸种消毒后的种子直接播种在直径7 cm的塑料盒或72孔的穴盘中，每穴2~3粒种子，育苗期间不进行分苗。深冬栽培一次采收辣椒的壮苗标准为株高10~13 cm，具8~9片真叶，苗龄为30左右。整地、施肥、定植前进行深翻整地，结合翻地每亩拱棚施优质腐熟的有机肥4 000 kg，尿素40 kg，过磷酸钙100 kg，硫酸钾40 kg。辣椒每畦定植5行，行距36 cm，株距30 cm，单株定植。采用水稳苗法栽植，全棚定植完后用地膜覆盖，破膜放苗。辣椒生长可分为3个阶段进行。生长前期（定植至10月上旬），外界温光条件好，管理以通风降温为主。白天不超过30℃，晚上不超过15℃，小拱棚可不盖农膜。生长中期（10月中旬至11月上旬），外棚应逐渐减小通风量，缩短通风的时间，直至密闭。小棚夜间应加盖农膜保温。生长后期（11月中旬至拉秧），外界气温迅速降低，管理以防寒保暖为主，尽量延长辣椒的开花结果时间，多结果，结大果。深冬一次采收的辣椒因生长期间不采收，容易导致以果坠秧，特别是门椒坐果后，生长重心转移，以果坠秧现象特别突出，影响侧枝的发生，减少结果层次和结果量。摘除门椒后，能显著促进植株发棵、结果。根据天气情况和市场行情，在小棚内夜间最低温度降到2℃左右时一次性集中采收，红、绿果分开上市（红果价格更高）。

（2）早春西瓜栽培技术。早春西瓜栽培宜选用适宜本地栽培又深受广大消费者欢迎的8424、京欣等早熟品种。

在小拱棚加地膜的条件下，能保证瓜正常生长，定植愈早，早熟效果就愈好。一般1月中旬西瓜育苗，苗龄40 d，3月初定植。播前应进行种子处理,播时先浇足底水,待水渗下后再播种,播后覆一层1 cm厚的营养土,上铺地膜,外加小拱棚防寒保温,在70%种子出土时及时去掉地膜。定植前1周开始炼苗,白天逐步加大通风见光时间。在水分管理上,既要保证对水分的要求,又要避免高温高湿的不利环境。双膜西瓜要求是大苗定植,即苗龄30~35 d、具有3~4片真叶的秧苗,这是西瓜高产稳产的关键。定植前每亩施充分腐熟的土杂肥3 000~4 000 kg,磷酸二铵15 kg,硫酸钾10 kg。一般在3月上旬寒冷天气过后,气温开始转暖时即可定植,在畦(每畦只栽一行)面上按0.4 m的株距挖穴,每亩穴施磷酸二铵30 kg,随放苗浇水覆土、盖地膜、插竹拱、扣棚膜,每亩保苗800余株。西瓜定植以后要扣严棚膜,夜间加强保温,定植后2~3 d,棚温控制在30℃,促使活棵快。缓苗后适度放风。4月底至5月初,最低温在15℃左右时,可昼夜通风。西瓜在浇好底水和定植水的前提下,定植后至伸蔓前一般不浇水,伸蔓前后可结合施基肥浇1次水,伸蔓后要保持土壤湿润,特别是开花坐果前后,一定要保证水分供应。膨瓜期要多次浇水,成熟采收前1周停止浇水。

2)效益

辣椒深冬一次性采收–早春西瓜高效栽培模式:每亩可生产辣椒550~650 kg,元旦统一采摘上市,产值5 500~6 500元;西瓜400~4 500 kg,产值11 200~13 500元。该栽培模式每亩年收益15 000元左右。

### 6.大蒜–西瓜一年两熟高效栽培模式

大蒜–西瓜一年两熟高效栽培模式,主要分布在江苏省首羡、赵庄、常店等镇。

1)栽培技术

(1)大蒜栽培技术。选无病斑、无伤、健壮饱满的大蒜瓣作为蒜种。

大蒜基肥应以优质腐熟有机肥和专用肥为主。每亩施腐熟优质有机肥2 000~2 500 kg、腐熟饼肥150~200 kg、大蒜专用肥100 kg。将肥料撒匀后立即耕翻、整平、放线、做畦。隔25 m挖一条横向腰沟,隔50 m挖一条纵向主沟,使沟沟相通,利于排灌。秋分前后播大蒜,播种后每亩用33%二甲戊乐灵150~200 mL加24%乙氧氟草醚40~50 mL兑水30~45 kg喷雾防除杂草。喷药后及时覆盖地膜,并拉紧压好地膜,最好用可降解地膜。大蒜出苗期间每天查看出苗情况,及时引凿地膜。根据土壤墒情和天气预报,酌情浇好越冬水、返青水,根据土壤肥力情况和苗情,适量追施返青肥、膨大肥。及时采收蒜薹,有利于蒜薹品质的提高和蒜头的生长。当田间80%植株基部叶片干枯、假茎松软时,即可采收蒜头,在蒜头采收前1周,将田间地膜清理出去。

(2)西瓜栽培技术。每亩施腐熟鸡粪1 500 kg、过磷酸钙30 kg、硫酸钾20 kg,4月中旬在预留瓜行内施肥并深翻,使肥料与土充分拌匀,然后覆盖地膜。5月上旬在地膜上打孔定植。若遇干旱,应根据墒情和天气预报,采取小水勤灌的方法,严防大水漫灌。采取双蔓或三蔓整枝,多余侧蔓及时摘除,减少养分消耗。选留第2、3个雌花坐果。一般第1个雌花结瓜小、产量低,可不留。及时进行人工授粉。随时做好结瓜时间的标记,以便适时采收。在西瓜膨大时,每亩追施尿素10~15 kg、硫酸钾5~7 kg。叶面喷施0.25%~0.5%磷酸二氢钾溶液2~3次,每10天1次。一般开花后30 d左右成熟。过早或过迟采收都会影响品质。

2)效益

大蒜-西瓜一年两熟高效栽培模式:每亩大蒜产量1 200~1 500 kg,每千克大蒜价格3~4元,产值4 000~6 000元;西瓜产量300~4 000 kg,每千克西瓜价格1~1.6元,产值4 000~5 000元。该种植模式合计每亩年产值8 000~11 000元。

### 7.大蒜-菜用大豆高效栽培模式

大蒜-菜用大豆高效栽培模式,主要分布在江苏省徐州市邳州等大蒜产区。大蒜是邳州高效农业的支柱产业,已有40多年的种植历史。以高产、优质、适应性强的邳州白蒜为主栽品种,当地适宜播期为10月1—15日,以越冬时形成五叶一心的壮苗为宜,露地越冬栽培,翌年5月底收获。大蒜收获后,平整土地,6月上旬直播菜用大豆。

1)栽培技术

(1)大蒜栽培技术。大蒜在10月上旬播种为宜,越冬时形成五叶一心的壮苗。大蒜播前搞好种子处理。蒜种质量要求:蒜头圆整、蒜瓣肥大、顶芽肥壮、无病斑、无伤口。播种前,将大蒜摊开,在太阳下晒2 d。蒜头分瓣掰开后,将种蒜放入多菌灵500倍液中浸种12~16 h,捞出晾干后再播种。在大蒜生长过程中要分期追肥,追肥时期为大蒜返青期和蒜头膨大期,习惯称返青肥和膨大肥。追肥时以速效氮肥为主,磷、钾及多种元素配合施用。追肥的施用方法包括:浇水同施;提倡穴施;施肥后及时浇水;微量元素可在叶面喷施。追肥施用量要根据苗情确定,一般返青肥每亩施用尿素15 kg,膨大肥每亩施用尿素10 kg。

(2)菜用大豆栽培技术。大蒜收获后,平整土地,6月上旬播种菜用大豆。选用耐低温弱光、抗性强、适应性广的品种,采取直播,每亩保苗2万株左右,株、行距均为22 cm,每亩用种量7~8 kg,出苗后及时查苗,及时补播。采取保护地膜栽培,生育期缩短,可使早期产量提高50%~80%。

早熟菜用大豆需要大量的磷钾肥,因此,施用磷钾肥对菜用大豆增产效果显著。磷钾肥一般以基肥为主、追肥为辅。基肥的数量,应视土壤肥力而定,一般每亩施复合肥50 kg,草木灰100~150 kg。在生长期间可视生长情况适时追肥。幼苗期,根瘤菌尚未形成,可施10%人粪尿肥1次,开花前如生长不良,可追施10%~20%人粪尿肥2~3次,也可追施0.3%~0.5%尿素。适时追肥,可以增加产量,提高品质。鲜食品种一般都抢早上市,即进入鼓粒期后,就可陆续采收,能卖上好价钱,但不宜过早,否则豆粒瘦小、

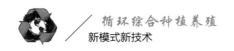
商品性差、产量低,反而降低经济效益。采收时也可分2~3次进行,这样可以提高产量,增加效益。采收后应放在阴凉处,以保持新鲜。

2)效益

大蒜—菜用大豆高效栽培模式:平均每亩收获大蒜1 260 kg,产值8 190元,扣除成本2 100元,每亩收益在6 090元;大蒜收获后种植菜用大豆,菜用大豆每亩产量800~1 000 kg,平均价格每千克3元,每亩收益2 400~3 000元。该栽培模式合计每亩年收益在10 000元左右。

## 五 示范案例及经济效益

### 1.渭北旱塬"果–草–羊"生态种养循环模式

渭北旱塬"果–草–羊"生态种养循环模式是以渭北的苹果园为基础,通过套种紫花苜蓿WL168HQ、鸭茅、燕麦、毛苕子和多年生黑麦草等8种牧草,并用套种的牧草喂羊,再用羊粪肥田的一种生态系统。该模式的构建与发展可有效利用陕西地区丰富的果园水土资源,实现立体种植养殖融合发展和资源循环利用,符合生态果园建设、绿色果品和畜禽产品安全生产的迫切要求。将果业生产、果园行间草地建植、优质饲草供给、基于草地营养的羊饲料配方,以及健康养殖等关键技术进行科学集成,"果–草–羊"系统中资源、环境和生产要素进行合理配置,实现生态系统的高效循环。

1)经济效益

(1)苹果产出收益。总收入概算:果树种植面积500亩,单产1 500 kg/亩,单价5.6元/kg,每亩年毛收入约8 400元。

成本概算:①苹果树苗30元/株,按20年周期计,平均1.5元/(株·年),100株/亩,150元/(亩·年)。②有机肥5 000 kg/亩,周期为5年,1 000 kg/(亩·年),120元/1 000 kg,120元/(亩·年)。③农药化肥:200元/亩。④地租：500元/（亩·年）。⑤人工费：1 500元/亩。⑥水费：60元/亩。⑦其他成本：100元/亩。每亩共约2 630元/年。

苹果年纯收入=每亩毛收入−成本，共计为5 770元/亩。

（2）养殖收益。①自产干草用于养殖试验：以2019—2020年80亩果园行间生草为原料，共制作各类青干草90.92 t，其中：多年生黑麦草20.85 t、紫花苜蓿21.47 t、多年生黑麦草+紫花苜蓿混播25.00 t、燕麦草12.98 t、毛苕子10.62 t。②山羊养殖效益：生长期（180天）平均饲喂混合干草1.00 kg/（只·天），补饲精料0.15 kg/（只·天）；育肥期（60天）平均饲喂混合干草2.00 kg/（只·天），补饲精料0.30 kg/（只·天）。每只山羊按8月龄，平均体重在50 kg左右出栏计算，每亩干草可养殖山羊3只左右。

总收入概算：优质活羊按40元/kg计，50 kg左右活羊售价在2 000元左右，总收入为6 000元/亩。

成本概算：①羔羊成本，700元/只，2 100元/亩；②粗饲料成本，包括田间种植及管理人工费300元/亩、机械成本40元/亩、种子费80元/亩、种植用水40元/亩，总计480元/亩，折合160元/只（说明：有机肥和化肥农药费计入苹果产出成本中，不在此计算）；③精料根据当地价格综合计算为2元/kg，故精料成本为90元/只，270元/亩；④养殖成本（疫苗费17元、人工费60元、水电费13元和医疗费10元），100元/只，300元/亩。共约3 150元/亩。

养殖纯收入=总收入−成本=2 000−700−160−90−100=950 元，平均每只羊保守估计净利润在950元，每亩净增产2 850元。较传统单一种植模式果园经济收益提高49.39%。

（3）生态效益。

①果园种草有效地控制了田间杂草。传统果园管理中杂草现象非常严重，不仅与果树争水争肥，除草也是一笔不小的开支，还不利于生态环境和果品质量安全。通过人工种草，有效地抑制了杂草生长。其中，以紫

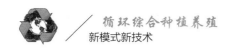
花苜蓿品种、多年生黑麦草、鸭茅三种牧草的抑制效果最好。

②改土培肥,减少了化肥的用量。通过果园行间草种筛选及高产栽培技术研究,筛选出了适宜当地种植的优势草种及组合,包括紫花苜蓿WL168HQ、白三叶、毛苕子等三种豆科牧草和鸭茅、燕麦草、多年生黑麦草三种禾本科牧草及苜蓿+多年生黑麦草混播牧草组合。与果园自然生草相比,不同生草品种不仅产量高、品质好,而且能够有效提高不同土层土壤有机质、全氮、速效氮含量,其增加幅度为19.00%~33.48%、3.35%~38.71%、12.69%~41.71%;其中多年生黑麦草+紫花苜蓿组可以提高不同土层间的脲酶、蔗糖酶、碱性磷酸酶和纤维二糖水解酶活性,其增加幅度为7.05%~22.98%、11.78%~33.10%、41.98%~56.39%、10.01%~21.95%。生草对土壤的培肥效果明显,减少了化肥的施用量。

③羊粪无害化处理提高了资源利用率,助力美丽乡村建设:养殖过程中废弃物利用率在90%以上,通过对羊粪发酵处理,很大程度上减少了环境污染,对美丽乡村建设具有重要意义。通过还田改土培肥,减肥(化肥)增效,提高果品质量,具有广泛的应用价值。

### 2.浙江"菜-草-羊"生态循环种养技术示范模式

"菜-草-羊"生态循环种养技术示范模式,即充分利用蔬菜基地的蔬菜资源,把供应市场净菜生产后的废弃下脚菜收集利用,把羊粪发酵作基肥,以有机肥改良蔬菜及牧草种植土地,增加有机质,减少化肥用量的生态循环农牧结合模式。该模式提高了土地利用率,农业废弃物资源再利用、再循环,减少了对环境的污染和危害,实现了畜禽及蔬菜无害化生产,从而达到节本、增效的目的。

1)实施成效

(1)经济效益。经过该模式的实施,实现总产值337.77万元,比单一养羊增值3%;总利润112.18万元,比单一养羊增加12.1%。

①牧草种植：5.33 hm² 大田栽黑麦草，总产草量 1 376 t，平均产草 258.16 t/hm²，牧草单价按 0.5 元/kg 计算，平均产值 12.9 万元/hm²，产值 68.76 万元，除去种子、肥料、土地租金、人工等费用 26.65 万元，净利 42.11 万元；用羊粪作基肥减少化肥使用，节约成本 1 260 元/hm²，节约 0.67 万元，牧草种植总利润 42.78 万元。

②湖羊养殖：年繁育羊羔 3 507 头、培育小羊 1 311 头、出栏肉羊 2 256 头，肉羊出售平均价格为 1 103 元/头，产值 248.84 万元，除去饲料、疫苗、药、水电、土地租费、人工等费用 186.27 万元，净利 62.57 万元；年产羊粪 455 t 供应蔬菜基地等，按 100 元/t 计，净利 4.55 万元；利用千亩蔬菜基地 249 t 蔬菜下脚资源（秸秆）作青绿饲料，平均每只可节约饲料成本 8.92 元，可节约成本 2.01 万元，湖羊养殖总利润 69.13 万元。

③蔬菜种植：1.33 hm² 大棚蔬菜（茄果类、叶菜类等），一年两作，产新鲜蔬菜 78.27 t/hm²，年产蔬菜 104.1 t，按蔬菜平均价格 2.8 元/kg 计，平均产值 21.92 万元/hm²，蔬菜总产值 29.15 万元，除去大田租金、种子、化肥、农药、农膜和人工等成本费用 9.5 万元/hm²，成本 12.64 万元，净利 16.51 万元；用羊粪作基肥，减少化肥使用，节约成本 0.34 万元，蔬菜种植总利润 16.85 万元。

（2）生态效益。通过实施菜—草—羊生态循环种养技术示范模式，有效提高了种养收入和农田的综合利用率，利用羊粪作为农田有机肥料，在减少化肥用量的同时，还进一步降低了羊排泄物对周围环境的影响，改善了土壤结构，对促进农业生态环境保护和农业生产可持续发展、实现环境与经济的良性循环具有重要意义。

第三章　循环综合种养模式发展趋势

循环综合种养模式的构建是根据区域种养产业特点及资源现状，通过种养系统设计和管理，调整和优化系统内部结构及产业结构，延长产业链条，利用生产中每一个物质环节，实现物质能量资源的多层次、多级化利用，达到种养系统的自然资源利用效率最大化、购买性资源投入最低化、可再生资源高效循环化、有害生物可控化的产业目标。2019年6月17日，国务院印发了《关于促进乡村产业振兴的指导意见》（以下简称《意见》）。《意见》指出，应发展乡村新产业新业态，推进一二三产业融合，大力发展现代种养业、农产品加工流通业和乡村新型服务业等。构建种养复合循环农业模式养分资源综合管理体系、创新发展环境保育型种养复合循环农业模式是实现中国种植业、畜禽养殖业绿色生产的重要途径。

## ▶ 第一节　循环种养模式发展方向

### 一　农业的可持续发展

世界农业经济发展到今天有近万年之久，它不仅要支撑人类的生存，还要为社会发展、人类进步的其他事业的发展提供基础性的物质支撑。农业在刚刚问世的原始阶段全靠与农业相关的自然资源，时称掠夺性产业。之后随着人类务农的智慧与技能的不断提高,创造力的增强,投入农业的资源就不再限于自然资源及自然再生产了,而增添了人类创新的智慧资源、技术资源、管理资源和人工生产资料资源等,使农业不再是单一的自然再生产,而是融入人工的经济再生产,从而极大地提高了农业的综合生产力。在一定历史时期内人类对农业的依赖程度尚处于自然资源的阈值之内,那时的农业生产活动没有农业资源的"瓶颈"。如今,随着世界人口爆炸式增长,土地和水资源过度开发利用及温室效应的影响,使不可再生的土地及农田资源日益荒漠化,淡水资源遭受污染,温室效应引发的气候变化,使旱、涝、高温频发,结果造成农业的优质资源急趋减少,劣质资源在增加,人类依仗的地球资源已超负荷20%,出现了"地球赤字"。对这种严峻的资源与消费状况,如何使农业可持续发展这一命题就摆到了世人面前,并形成共识。

人类凭着自身的聪明才智、创造性以及勤劳勇敢,逐渐成为这个世界或地球的主人。早在猿人(直立人)时期到农业起源时(公元前8 000年),当时全球人口总数只有500万~1 000万,他们就靠采集周围伴生的植物果实生活,猎取鱼虾、野兽、飞禽供自己食用;到了原始人时期,人类凭借自己的智慧创造发明了石器工具,大大提高了采集、渔猎收获,出现了食之有余的情况,便对剩余的生物资源进行人工种植或饲养,久而久之,使野生动植物驯化,培育成栽培作物、家养动物,并在人工栽培或饲养管理下获得更高产量、更好品质的农产品,进而发明了"农业",正是农业养育着人类,使人类生生不息、繁衍壮大。

人类自工业革命以来,在发展经济、推进社会进步方面取得了辉煌成果,创造了前所未有的物质财富和精神财富,极大地推动了人类物质文明和精神文明的进步。但是人们也认识到同时出现了两种并存的现象:一方面,随着科学技术进步、社会生产力水平的提高,人类对自然资源的开

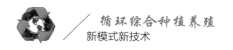
发能力达到了空前的水平;另一方面,由于人类开发利用自然资源的不合理性,造成资源日趋枯竭,环境污染和生态破坏等一系列问题日益突出。当前,全球经济目标增长的惊人速度已勾勒出人类社会对资源环境的极大挑战。世界观察研究所的一项研究指出:以无法想象的对环境的恶意破坏为基础,全球产品与服务的产出已从1950年的6万亿美元剧增至2000年的43万亿美元,如果世界经济继续以每年3%的速度增长,按照现有的经济模式和产业结构,全球产品与服务将在未来50年中激增4倍,达到172万亿美元。在过去的50多年中,全球经济总量速增了7倍,使得许多地区的生态环境承载能力超出可持续发展的极限;全球捕鱼业增长了5倍,促使大部分海洋渔场超出其可持续发展渔业生产的能力;全球造纸业需求扩张了6倍,导致世界森林资源严重萎缩;全球畜牧业增长了2倍,加速了牧场资源的环境恶化,并加快了其荒漠化的趋势。国内外的实践表明,当经济增长达到一定阶段时,对资源及生态环境的"无偿"使用必将达到极限。20世纪是人类物质文明最发达的时代,但也是地球生态环境和自然资源被掠夺式开发利用与遭到破坏最为严重的时期。不可续发展的生产模式和消费模式使人类生存与发展面临严峻挑战,这是人类对自然的无限索取与破坏和自然本身承受能力之间的差距所造成的。要弥合这一差距,必须变人类征服自然为协调人与自然的关系,同时,人与人之间的关系也必须做相应的调整,以达到一致的行动。"持续发展"就是在这样的背景下逐步形成并日益完善起来的。

1972年6月,联合国在瑞典首都斯德哥尔摩召开人类环境会议,来自113个国家政府的1 300多名代表首次一起研讨地球的环境问题,大会通过了《人类环境宣言》(以下简称《宣言》)。《宣言》指出:"环境问题大多是由于发展不足造成的,发展中国家政府必须致力于发展,牢记它们的优先任务:保护和改善环境。"这是联合国首次把发展问题与环境问题联系起来,第一次明确提出政府要在发展中解决环境问题。这表明,人类已开始意识到,应当采取什么样的发展思维才能保护地球,使地球不仅现在成为适合人类生活与发展的场所,而且将来也适合子孙后代居住、生活与发展。《人类环境宣言》的签署,标志着可持续发展思想的萌芽。

1987年,世界环境与发展委员会向联合国提交了一份经过3年多艰苦努力完成的《我们共同的未来》研究报告,呼吁"我们需要一个新的发展途径,一个人类能持续进步的途径,我们寻求的不仅仅是在几个地方、几年几月的发展,而是整个地球遥远将来的发展,能将发展持续下去,且能保证几代人的需要,又不损害子孙后代的需要,这是可持续发展思想由萌芽进入一种全新的发展阶段的雏形"。

1992年6月,联合国在巴西里约热内卢召开的环境与发展大会,将可持续发展确定为大会的指导方针,通过了具有历史意义的《21世纪议程》(以下简称《议程》)。《议程》明确指出:可持续发展是当前人类发展的主题,人类要把环境问题同经济、社会发展结合起来,树立环境与发展相协调的新发展观。这次会议和会议通过的议程,吹响了走可持续发展之路的进军号,标志着可持续发展已跨越思想、观念的理论探讨阶段而作为一种全新的发展模式得到国际社会的广泛认同,成为人类共同发展的行动纲领和一致追求的实现目标。关于可持续发展的定义,联合国环境署第15届理事会发表的《关于可持续发展的声明》中的阐述是:满足当前需要,且不削减或牺牲子孙后代的资源的发展。

可持续发展观强调:"社会、经济、生态"三维复合的协调发展,经济的发展将以生态良性循环为基础,同资源环境的承载能力相适应,而不再以环境污染、生态破坏和资源的巨大浪费为代价发展潜力的培植,单纯的发展速率和物质财富的积累将不再是其追求的唯一目标,现有发展状态下发展潜力的培植将成为发展过程的重要内容。只有这样,在维持资

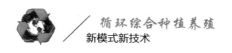

源存量不致减少的情况下,才有可能保证当代人与后代人拥有同样的发展机会和发展权利。

## 二 发展循环农业需把握的重点环节

发展循环农业和其他事业或产业一样,是一个十分复杂的系统工程,牵涉到自然、社会、经济、人类、科技、教育等诸多方面和农、林、牧、副、渔等诸多领域,但它们在统一整体中也并非等量齐观、同等轻重。比较而言,其中确有在不同侧面或层次发挥着主导作用的"牛鼻子"。

人在地球上客观主宰着一切。渺无人烟的南极、北极现在都遍布着探险家的足迹,悬于太空的月球都已攀登上去,世界最高峰——喜马拉雅山的珠穆朗玛峰亦被中外登山运动员们踩在脚下,世界上最深的海也有舰艇遨游。地下埋藏的矿物质资源陆续被人类发现、发掘与开发利用,有的已面临枯竭,石油大战即由此引起;人类发现地球上"三山、六水、一分田",并因地制宜地开发利用;人类把自然界与人类关系密切的动物、植物驯化为家养的畜禽、种植的作物,并使它们满足人类生存与发展的需求;人类逐渐掌握天气物相的变化规律,提出一年二十四节气,为人类自主顺应"天时、地利、人和",安排农时农事生产活动争得了自由,也是人类从严峻的生态失衡,认识到要从主宰过渡为人与自然的和谐、协调,维持包括人类在内的生态系统的持续平衡。

人类之所以能主宰世界,是因为在这个世界上,人类具有丰富的智慧和创造力,能凭借智慧和技能来洞察世界、认识世界,并按自然规律办事,实现主客观的统一;能凭借创造力在这个世界上"有所发现、有所发明、有所创造、有所前进,总不会停留在一个水平上"。在那地广人稀、生产力水平低下的时代里,人类为解决温饱而努力向自然界索取,但所有的"食物链"是稳定的、生态链是平衡的,那时体现人类主宰自然的口号是"人定胜天"。

随着世界人口增长,为了应对食物需求的压力,发展中国家主要以粗放型增长方式发展农业,靠大量消耗自然资源(土地、水等)及经济资源(化肥、农药等),在我国曾到处开山种粮、围海造田、毁林种粮等。由于过度开发,生态平衡遭到破坏,结果造成水土流失,大量地使用化肥、农药,不仅使化肥效益递减,还造成农业环境污染,水华现象也屡屡出现。由于过度追求农业的产量增长,使一些优质的种质资源,特别是一些传统的名特优种质资源丢失或濒临消失,农业生态系统变得脆弱。面对这样的严峻形势,人们在反思中走向理性,由征服自然的主宰转向人与自然和谐,在和谐中求发展,开始珍惜自然资源在人类社会可持续发展中的分量。弄清自然资源的构成、特性与利用等,方可做到科学地珍惜与利用农业自然资源。

### 1.气候资源

即太阳辐射、热量、降水、氧气和二氧化碳等。植物体的干物质有90%~95%是利用太阳能通过光合作用合成的。水既是合成有机物的原料,也是一切生命活动所必需的条件。温度也是动植物生长发育的重要条件。在水分、养分和光照都满足的条件下,在一定的适温范围内,许多植物的生长速率与环境温度成正比。由于对气候资源的需求与适应性的不同,通常把植(作)物分为热带植(作)物、亚热带植(作)物、温带植(作)物和耐寒植(作)物,即便同一作物种类也会因气候资源的情况不同而呈现不同的气候生态型。如水稻就有南方的籼稻和北方的粳稻之分,小麦有春性类型和冬性类型或弱冬性类型等。气候资源不仅决定着植物或作物的地区布局,而且影响着农作物品质的优劣与产量的高低。如生育期长的就比生育期短的同一作物产量高、品质好。气候资源的有关因素对作物的影响存在组合是否优化的问题。

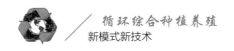
## 2.水资源

主要是指陆地的地表水、土壤水和地下水,它们靠大气降水供给。自然降水和地表水、土壤水、地下水之间不断运动交替,互相转化,形成自然界的水循环。水资源对于农业生产有两重性:既是农业生产的"命脉",又是洪涝、盐、渍等灾害的根源。

## 3.土地资源

土地是农业的立足之本。农用土地按其用途分为:耕地(系耕种农作物的土地),园林(系连片种植、集约经营的多年生作物用地),林地(系生长林木的土地),草地(系生长草类可供放牧或刈割饲养牲畜的土地),内陆水域(系可供养殖、捕捞的淡水水面),滩涂(系海边、潮涨潮落的地方);在土地中还有一些在历史上受技术等条件的短缺或落后的限制、长期无法开发利用而成为闲置的"五荒地"——荒山、荒坡、荒滩、荒漠、荒水等,随着科技进步和农业生产手段的改进,"五荒地"正在得到改造。如北京一些石质山区过去就裸露着,现在通过采用爆破造林技术使一些千古裸露的山地已层林尽染。国土资源按农用和可农用来审视,大致分为在用土地、可用而未用土地、"无用"而今可改造利用的土地等。当然也存在着农业无法利用的土地,如珠穆朗玛峰等长期冰雪封冻之地。

## 4.生物资源

即作为农业生产(包括加工业生产)经营对象的野生的和人工培育的动植物及微生物的种类及种群类型。生物资源的蕴藏量极为丰富,种类或种群繁多,真正被开发应用的则极为有限,潜力相当雄厚。农业自然资源的特性主要表现在:一是形成的长期性和整体性。除土地外,所有农业资源都是自然选择的结果(产物)。各种农业自然资源都是在一定生存环境下形成的,彼此之间相互联系、相互制约,构成统一整体。二是农业自然资源消耗的不可逆转性。特定的生态条件产生了农业资源的多样性,人们在生态阈值范围内进行合理的享用和辛勤劳作,可保持资源的动态平衡,若过度消耗则会使农业资源失去平衡,一旦灭绝就不可逆转再生。因此,保护好生态平衡,保护好农业资源,就是保护人类自己。三是农业自然资源发展的可变性。人类不能创造农业自然资源,但可采用科学技术手段来改变它们的形态和性质,如土地是不可再生的资源。但人类可以通过培肥地力、非耕地的复垦来提高它们的生产力水平。人类现行使用的动植物和微生物优良品种都是从野生种改良而来的。农业自然资源发展的可变性是发展循环农业的基础性条件之一。四是农业自然资源存量有限而潜力无限。地球上土地面积、水的数量、到达地面的太阳辐射量等,在一定地域、一定时间内都有一定的量的限制。但随着科技的进步,人类不仅有可能做到保持农业自然资源的闭环更新,还可以不断扩大资源的利用范围,使有限的资源能无限地发挥生产潜力。五是农业资源分布的区域性。地球的不同纬度、经度,同一纬度或经度内的不同地形、地貌、不同方位,因地球与太阳的相对位置及其运动特点所形成的水、热条件各不相同,反映出农业自然资源只有相似而无相同。不同地域的生产对象不同,其生产方式亦不相同。

农业自然资源的特性决定了农业自然资源利用是循环农业的核心,发展循环农业必须认识和遵循农业自然资源特性,因地制宜地谋划相适的生产方式及资源的循环利用程序。人类生产实践已经表明,人类的主宰可以有两个结果:一是"掠夺性"地开发利用农业自然资源,结果是一时得益,同时加速资源退化,甚至形成恶性循环;二是人与自然和谐共处,保护性地利用使自然资源存量增加。实践也表明,后一条是人类从事可持续发展的必然选择。人类具有能动性,已经从严酷的自然惩罚中树立新的科学发展观。坚持人与自然和谐的发展之路,这是发展循环农业的不竭动力。也只有这样,农副业才能源源不断地生产出各种农产品,以

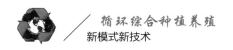
满足人类生活水平不断提升的需要。

## ▶ 第二节 我国循环种养模式发展的保障措施

循环农业作为一种可持续发展的经济模式，对于农业经济的发展具有重要作用。总体而言，中国关于循环农业的学术研究才刚刚起步，基本上还处于理解或概念性探索并逐步向理论与实证研究过渡阶段，因此，推动我国循环农业发展，必须动员全社会力量，从法律制度、产业政策、科技支撑等方面着手，制定有效的保障措施。

### 一 我国循环农业发展的法律保障

从发达国家发展农业循环经济的经验可以看出，出台系统的循环经济及其相关法律，并以此约束政府、企业和民众的行为，对发展循环经济、建设循环友好型社会具有重大意义。目前，我国循环经济发展，要把力量转化为切实的行动，就需要通过建立相应的法律、法规制度，使我国的循环经济发展有章可循、有法可依。

**1.修订《中华人民共和国农业法》（以下简称《农业法》）**

在《农业法》中明确循环农业的概念，针对发展循环农业、生态农业制定具体的规定，支持循环农业的推广，鼓励循环农业的研究。

**2.完善有关农业环境保护的法律**

加强农业环境立法是保障农业可持续发展、保护和改善农业生态环境及发展循环农业的需要。目前，我国农业环境立法仍然存在重污染防治轻生态保护、重源头污染轻区域治理和重两端控制轻全程控制等问题，应加强农业清洁生产、生态环境保护等薄弱环节的立法，完善土壤污染、流域污染的防治、环境安全事件管理等方面的立法,健全农业生态环境的相关标准、技术规范和操作规程,切实保护农业资源和生态环境。

### 3.推动制定《循环农业促进法》

通过权威性的法律,禁止浪费与低效使用农业资源及破坏农业生态环境的行为,鼓励农业资源的高效、循环使用,大力支持循环农业理论和技术的研究;同时推广清洁生产和生态、循环农业,促进农业可持续发展。《循环农业促进法》应对我国循环农业发展的农业废弃物综合利用、清洁生产的操作规范、循环农业的标准认证与科技研发、循环农业技术推广和服务体系、发展循环农业的激励机制与鼓励政策及循环农业的管理体制等作出相应操作性较强的具体规定。立法程序上,可先在某地探索循环农业地方立法,总结地方立法经验教训,待条件成熟后制定国家的《循环农业促进法》。

## 二 我国循环农业发展的政策保障

产业政策作为公共政策的重要体现,是国家促进市场机制发育、纠正市场机制缺陷、对特定产业领域加以干预和引导的重要手段。为了全面推进农业循环经济的发展,用循环经济思想指导产业转型、区域规划,具体应从以下几方面着手。

### 1.加强农业基础设施建设,为循环农业结构调整奠定坚实基础

农业基础设施建设既要有利于提高农业综合生产能力,推进农业结构调整,又要促进生态环境协调发展,因此,要根据农业结构调整、增加农民收入和产业化经营的需求,综合考虑农产品质量建设体系的配套、农产品市场体系的完善、农民素质的提高,以及农业先进技术的应用等多方面因素,支持循环农业产前、产中和产后环节的基础设施建设,把建设优质高产农田、特色农产品基地和促进农业结构调整有机结合,通过

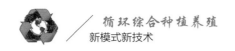
丰富基础设施建设内容、改善农业生产条件与生态环境,为农业结构调整循环农业的有效发展奠定坚实基础。

**2.做大做强绿色龙头企业,拉动农村经济发展**

发展龙头企业,既可以促进农产品加工增值,又能够提升农村工业化水平,是一项全面繁荣农村经济的举措。一方面,要巩固提高现有龙头企业,增强辐射带动能力;另一方面,要加大农业领域招商引资力度,把招商引资作为建设龙头企业的重要途径,多层次、多成分、多元化兴办一批新的龙头企业。政府要引导和鼓励企业担当现代循环农业产业发展的龙头,帮助企业提高核心竞争力,实现企业化运作、产业化经营,做大做强现代循环农业产业。

**3.提高产品质量,提升农产品竞争力**

一要着力改善农产品品质,对农产品实行从生产、加工、销售全过程的质量控制,全面实施"无公害食品行动计划",支持各类龙头企业建立标准化原料基地,办好无公害农产品示范区,建设农产品质量检测中心。二要大力实施农产品名牌战略,加速生产要素向优势品牌集聚,做优做强品牌农产品,加大龙头企业申报绿色有机食品认证标识力度,积极申报名牌产品商标。

**4.积极培育绿色农产品市场体系,进一步搞活农产品市场流通**

政府在建立以批发市场为中心,结构完整、功能互补的商品市场网络的同时,加快资金、技术、劳务等生产要素市场建设,发挥各部门和农村集体经济组织在资金、人才、技术、物质等方面的优势,组织社会力量,为循环农业产业化经营提供服务,为循环农业发展创造良好的外部环境。此外,依托现有科技资源,积极组建一个内外连接、资源共享、反应灵敏、权威可靠的循环农业产业化信息中心,逐步形成与国内外市场紧密相连的信息网络体系,为农产品产、供、销提供及时、准确的信息服务。

## （三）我国循环农业发展的金融保障

现代经济中,任何产业的成长发展都要依赖于金融业的支持。只有建立和完善有效的金融支持体系,才能全方位地满足发展循环农业发展的金融需求。

### 1.加大对发展循环农业的财政支持力度

相对于传统的靠高投入带来的快速增长,循环农业虽然具有较高的社会效益和生态价值,却是一个长期的发展过程,对资金、技术以及配套服务等方面都有较高要求,短期内经济效益并不明显。具体来说,政府要做好三个方面工作:一是在种植业中,给农民适当补偿,尽量减少化肥、农药的使用,同时鼓励农民保护林业资源和种植适合当地环境生长的植物以改善生态环境;二是对企业在产品的生产、运输、使用、回收、处理等方面给予环保补贴,减轻企业承担治理环境污染费用的负担;三是对环保设施进行转移支付,特别是集中整治工业、生活污水,实现达标排放的目标。

### 2.提高农业财政资金的使用效率

政府要加强对农业财政资金的管理,避免出现农业财政资金预算不落实、农业专项资金被挤占挪用、农业财政预算执行进度慢等现象,切实提高农业财政资金分配使用管理的安全性、规范性、有效性。首先,严格执行农业财政资金预算制度。按照《中华人民共和国预算法》和《中华人民共和国农业法》的相关规定,对各级人民代表大会通过的农业财政预算严格审查,要求不留缺口,不虚列支出。其次,严格执行农业财政资金管理制度。各级财政部门要加强资金运行和项目实施的跟踪问效管理,按照项目管理的程序和要求,积极做好项目竣工验收和项目后续管理工作。

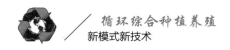

### 3.强化政策性金融对循环农业发展的支持

农业发展银行是我国唯一的政策性农村金融机构，其他机构如农业银行、农村信用社在贷款时也会有一些政策性倾向，但这些贷款对农村发展循环经济的影响有限。要为农村发展循环经济提供资金保障，必须充分发挥农业发展银行的作用。首先，应对农业发展银行功能重新定位。根据国际上政策性农业开发银行的职能，凡是与"三农"问题，特别是与循环农业发展有联系的，都应纳入农业发展银行的业务范围。其次，将财政、商业银行及其他社会渠道对农业的投资全部统一由农业发展银行代理和监管，形成规模效应。将农行的扶贫开发贷款划转到农业发展银行，由农业发展银行负责经营管理，对损失部分可采取剥离到资产管理公司，或者放在原商业银行自行消化。

政策性贷款应与政府财政投入相结合，重点投入基础设施建设、农业技术改造，解决发展循环经济中的资金问题，带动相关产业的发展。例如：可以对科研院所的环保科技项目提供研究资金，扩大环保科技成果的使用率，将政策性银行办成"绿色银行"，加强对环保产业的贷款；在支持农业循环经济的发展中，资金重点投向沼气工程、生物链工程、大中型畜禽场工程、秸秆气化集中供气工程等，加强对农业的科技投入和基础设施投入，有利于推动循环经济在农村地区的发展。

### 4.合理调整布局，建立与循环经济发展相适应的金融组织框架和资源供给机制

伴随着我国循环经济体系的建立和发展，自然资源丰富的农村和欠发达地区逐步成为循环经济发展的方向和重点。商业性金融机构应纠正当前资源配置的单纯市场化的倾向，防止机构的过度收缩和集中，按照国家产业部门的调控意见，采用倾斜性的金融政策措施，根据产业集群区域和东、中西部地区经济发展的特点和水平不同，在照顾中西部地区

经济发展和就业需要的基础上,公平合理分配金融资源,形成以循环经济产业布局为导向的金融组织机构布局和资源供给机制。

**5.充分发挥农村信用社在推动循环农业发展中的作用**

农村信用社必须明确市场定位,调整工作思路,牢固树立为"三农"服务的方向,转变传统的支农思路,适应新时代农业和农村经济发展的新要求,顺时、顺势调整服务重点,调整工作思路,即把支农贷款投放的重点向从事循环农业生产的农户和企业倾斜,向农村种养业大户倾斜,向个体工商户倾斜,向农业产业化龙头企业倾斜,向中小民营企业倾斜;通过拓宽服务领域、改善服务方式、增加服务品种、增强服务功能,进一步拉动农民增收和农村经济发展。

**6.尽快建立有利于循环农业发展的税收与金融扶持政策体系**

立足我国国情,完善促进循环经济发展的税收政策。首先,完善现行税制中的相关税种:完善资源税,增强资源税的环境保护功能;改革消费税,加大消费税的环境保护功能;调整土地使用税;改革增值税,促进企业固定资产循环利用;改革其他税种,将城市维护建设税征收范围扩大到乡镇,促进乡镇公共基础设施建设。其次,开征必要的环保新税种,鉴于我国缺乏生态税制的设计和征管经验,应采取循序渐进的办法,先从重点污染和易于征管的课征对象入手进行改革试点,积累经验,待条件成熟后再扩大征收范围,逐步开征水污染税、空气污染税、垃圾污染税、噪声税等新的环保税种。此外,在取消农业税后,对区域内发展农业循环经济的农产品加工业、绿色农业生产资料、种子种苗、生态工程建设等,应按有关政策给予一定的减免税优惠。财政和金融等部门,应对发展循环农业的结构调整、科技成果转化、农产品深加工等给予必要的扶持。

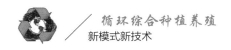
## 四 我国循环农业发展的科技保障

农业循环经济是基于农业科技创新,并以此为主要驱动力,实现人与自然相互和谐的发展模式,农业循环经济的发展要求制定有力的科技保障措施。

### 1.加强对农业技术的政策引导,推动农业科技发展

推动农业循环经济的科技创新,离不开政策的引导与扶持,各级政府和农业行政部门都应按照党中央国务院的要求,把依靠科技创新发展循环农业、实现农业的可持续发展作为工作重点,结合本地实际情况,制定农业的科技发展规划,明确工作任务和目标,采取有力措施,切实推进农业科技进步,同时高度重视农业循环经济和新农村建设科技发展战略研究,加强新农村建设中人口、资源、能源、生态环境与经济和社会发展等重大战略问题研究,强化政府对农村科技工作的宏观指导。

如尽快制定完善的、因地制宜的稻渔共生技术标准体系,针对不同的稻区和不同的地域,采用不同的技术标准,加快稻渔共生技术的高效化发展。从适合稻渔共生生态种养的水稻品种、鱼品种筛选(培育)、种养密度、水肥管理、病虫害绿色防控等方面,开展关键技术攻关和技术集成,实现科学合理规范化种养,加快建立完善的稻渔共生技术体系。采取有计划、有组织、分步骤的上下联动工作方式与机制,全面开展稻渔共生技术模式的推广应用。加快技术落地基层,建立稻渔共生示范基地。形成"科研试验基地+基层示范基地+基层农技推广站点+生产者用户"推广模式。根据科学研究与成果转化的客观规律和过程要求,建立"研发—示范—推广应用"完整的多层级基地链,使技术转移、成果转化和生产需求反馈路径畅通,提高农技推广的精准性、有效性、及时性、联动性和适应性。

## 2.建立农科教、产学研紧密衔接的新机制

建立健全循环农业科技创新体制，关键是要克服传统的农业科技与农业生产经营相互脱节的弊端，使循环农业科技活动与农业生产经营活动融为一体，要求科技人员与农民建立一种新型的互有需求、双方互利的关系，促进科技与经济的紧密结合。大胆引入市场机制，根据发展需要和市场需求，以产业链为主线，以科研项目为依托，围绕科技难题，整合科技资源，构建上、中、下游无缝对接的科技创新链条和循环农业科技平台，实现科技资源一体化布局，探索农科教结合、产学研协作的有效模式。

## 3.推动循环农业技术推广体系的改革

农业循环经济是一种涉及面广，内涵丰富的经济发展模式，需要多方协作与协调。政府应在调查研究的基础上，在经济发展战略总目标下，做好规划工作为发展农业循环经济迅速组织起技术咨询队伍，强化科技的社会化服务体系，推进农科教结合，充分发挥农业院校和科研单位在农业技术推广中的积极作用，继续支持重大农业技术推广，加快实施科技入户工程，着力培育科技大户，发挥对农民的示范带动作用。具体来说：一要建立起以市、县农技推广中心为龙头，以乡镇的农技推广站为纽带，以科技示范村和示范户为基础，政府农技推广机构与群众性农村科普组织和农民专业服务组织相结合的科技成果试验、示范和推广一体化的服务体系；二要鼓励和组织各类高级专业技术人员带着技术和项目深入基层第一线，抓核心示范区，举办技术培训班，开展巡回技术指导，切实帮助农户解决在具体生产过程中遇到的实际困难，各市、县的农业专家与技术人员也要结合当地实际，制订各类技术措施，派出技术服务队，进村入户；三要进一步加强对科技推广的管理，政府要加强引导、服务、规范管理，使农技推广有序、有效进行。

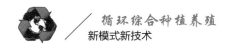

4.加快循环农业标准化进程,制定农业生产评价指标和相关的污染防控标准

实施循环农业标准化是增强循环农业市场竞争力的重要举措。只有把循环农业产前、产中、产后全过程纳入标准化轨道,才能加快循环农业从粗放经营向集约经营转变,提高农业科技含量和经营水平,完善适应现代农业要求的管理体系和服务体系。一方面,要不断提高循环农业标准化水平,健全农产品质量标准体系和检验检测体系,彻底改变品质参差不齐、无标生产、无标上市、无标流通的局面。另一方面,加强循环农业标准化技术推广队伍,实行农产品质量安全标识制度和标准认证认可制度,对能耗高、污染重的落后工艺、技术和设备实行强制性淘汰制度。发达国家在农业循环经济及科技创新研究方面已经有几十年历史,我们可以借鉴其积累的经验和措施,制定相关的循环农业标准制度和法规以规范和促进循环农业的发展。

确定管理部门的相应职能,建立公开公正的土地流转平台,制定规范、标准的流转程序,成立土地估价机构和农地流转纠纷处理机构,对土地流转相关问题给予指导,保障生产主体的利益不被侵犯,从而提高其参与土地流转的积极性,同时跟进土地流转的后续监管和政策调整,严厉打击非法使用农业生产用地的行为。

# 参 考 文 献

［1］白金明.我国循环农业理论与发展模式研究［D］.北京：中国农业科学院，
2008.

［2］韩玉，龙攀，陈源泉，等.中国循环农业评价体系研究进展［J］.中国生态农业
学报，2013，21（9）：1 039-1 048.

［3］王宏轩，汪春，于珍珍，等.国内外典型循环农业发展模式［J］.农业技术与装
备，2019（1）：41-43.

［4］陈德敏，王文献.循环农业——中国未来农业的发展模式［J］.经济师，2002
（11）：8-9.

［5］吴天马.循环经济与农业可持续发展［J］.环境导报，2002（4）：4-6.

［6］周震峰.农业可持续发展的新模式——循环型农业［C］济南：山东农学会，
2007.

［7］郭铁民.发展循环农业刍议［C］.成都：全国高校社会主义经济理论与实践研
讨会第 18 次会议，2004 .

［8］郭铁民，王永龙.福建发展循环农业的战略规划思路与模式选择［J］.福建论
坛（人文社会科学版），2004（11）：83-87.

［9］宣亚南，欧名豪，曲福田.循环型农业的含义、经济学解读及其政策含义［J］.
中国人口·资源与环境，2005（2）：27-31.

［10］杜华章，缪荣蓉，严桂珠.建设循环型农业的对策研究——以江苏省姜堰市
为例［J］.农业科技管理，2006（5）：18-20.

［11］王鲁明，王军，徐少才.资源循环型农业理论的探索与实践［J］.中国环境管
理干部学院学报，2005（2）：27-30.

[12] 邓启明.基于循环经济的农村能源与生物质能开发战略研究[J].农业工程学报,2006(S1):12-15.

[13] 吴雅欣.基于 CiteSpace 近 10 年循环农业领域发展现状分析[J].南方农业,2022,16(10):111-113.

[14] 全国水产技术推广总站组.稻渔综合种养技术模式[M].北京:中国农业出版社,2021.

[15] 郑岚萍,马秀玲,吴海涛.宁夏示范稻渔循环水生态种养集成技术.探索绿色农业发展新模式[J].渔业致富指南,2018(11):11.

[16] 宋迁红.辽宁盘山力推"稻、蟹、泥鳅规模化"生态养殖新模式[J].科学养鱼,2015(7):47.

[17] 刘洪健,万继武,满庆利,等.北方地区"分箱式 + 双边沟模式"稻田养殖成蟹技术示范[J].黑龙江水产,2021,40(4):45-46.

[18] 程云生,何吉祥,蒋业林,等.冬闲稻田稻虾绿色种养安徽模式与技术探讨[J].安徽农学通报,2018,24(17):53-55,64.

[19] 陶忠虎.虾稻共作模式与技术讲座(下)[J].科学养鱼,2020(5):24-25.

[20] 陶忠虎.虾稻共作模式与技术讲座(中)[J].科学养鱼,2020(4):24-25.

[21] 陶忠虎.虾稻共作模式与技术讲座(上)[J].科学养鱼,2020(3):24-25.

[22] 吴红梅,杜学红.稻鳖综合种养技术[J].渔业致富指南,2022(6):53-55.

[23] 李彦波,高天宇,孙雪鑫.稻渔共作技术示范与推广报告[J].黑龙江水产,2016(6):29-31.

[24] 苏牧.稻渔共作模式[J].农家致富,2018(4):40.

[25] 侯向阳.我国草牧业发展理论及科技支撑重点[J].草业科学,2015,32(5):823-827.

[26] 昝林森,成功,闫文杰,等.中国西部地区草牧业发展的现状、问题及对策[J].科技导报,2016,34(17):79-88.

[27] 张伟.优质牧草栽培与利用[M].郑州:河南科学技术出版社,2002.

［28］沈军,尹长安.养羊致富综合配套新技术[M].北京:中国农业出版社,2009.

［29］陈家宏.江淮地区羊舍环境检测及养羊新设施研究［D].合肥:安徽农业大学,2013.

［30］李腾飞.渭北旱塬"果－草－羊"生态种养循环模式研究[D].咸阳:西北农林科技大学,2021.

［31］李佳琦,潘一峰,陈燕,等.菜－草－羊生态循环种养技术示范模式实践探讨[J].现代农业科技,2018(20):210-211.

［32］陈玺名,尚杰.低碳经济视角下我国循环农业发展的创新与探究[J].农业开发与装备,2019(1):1,8.

［33］王雪.低碳经济视角下我国循环农业发展的创新[J].农业经济,2013(12):57-58.